Mathematisch-Physikalische Bibliothek

Unter Mitwirkung von Fachgenossen herausgegeben von
Oberstud.-Dir. Dr. W. **Lietzmann** und Oberstudienrat Dr. A. **Witting**

Fast alle Bändchen enthalten zahlreiche Figuren. kl. 8.

Die Sammlung, die in einzeln käuflichen Bändchen in zwangloser Folge herausgegeben wird, bezweckt, allen denen, die Interesse an den mathematisch-physikalischen Wissenschaften haben, es in angenehmer Form zu ermöglichen, sich über das gemeinhin in den Schulen Gebotene hinaus zu belehren. Die Bändchen geben also teils eine Vertiefung solcher elementarer Probleme, die allgemeinere kulturelle Bedeutung oder besonderes wissenschaftliches Gewicht haben, teils sollen sie Dinge behandeln, die den Leser, ohne zu große Anforderungen an seine Kenntnisse zu stellen, in neue Gebiete der Mathematik und Physik einführen.

Bisher sind erschienen: (1912/27):

Der Gegenstand der Mathematik im Lichte ihrer Entwicklung. Von H. Wieleitner. (Bd. 50.)

Beispiele z. Geschichte d. Mathematik. Von A. Witting u. M. Gebhardt. 2. Aufl. (Bd. 15.)

Ziffern und Ziffernsysteme. Von E. Löffler. 2., neubearb. Aufl. I: Die Zahlzeichen d. alt. Kulturvölker. II: Die Zahlzeichen im Mittelalter u. i. d. Neuzeit. (Bd. 1 u. 34.)

Der Begriff der Zahl in seiner logischen und historischen Entwicklung. Von H. Wieleitner. 3. Aufl. (Bd. 2.)

Wie man einstens rechnete. Von E. Pettweis. (Bd. 49.)

Archimedes. Von A. Czwalina. (Bd. 64.)

Die 7 Rechnungsarten mit allgemeinen Zahlen. Von H. Wieleitner. 2. Aufl. (Bd. 7.)

Abgekürzte Rechnung. Nebst einer Einführung in die Rechnung mit Logarithmen. Von A. Witting. (Bd. 47.)

Interpolationsrechnung. Von B. Heyne. [In Vorber. 1927.]

Wahrscheinlichkeitsrechnung. Von O. Meißner. 2. Auflage. I: Grundlehren. II: Anwendungen. (Bd. 4 u. 33.)

Korrelationsrechnung. Von F. Baur. [U. d. Pr. 1927.]

Die Determinanten. Von L. Peters. (Bd. 65.)

Mengenlehre. Von K. Grelling. (Bd. 58.)

Einführung in die Infinitesimalrechnung. Von A. Witting. 2. Aufl. I: Die Differentialrechnung. II: Die Integralrechnung. (Bd. 9 u. 41.)

Gewöhnliche Differentialgleichungen. Von K. Fladt. (Bd. 72.)

Unendliche Reihen. Von K. Fladt. (Bd. 61.)

Kreisevolventen und ganze algebraische Funktionen. Von H. Onnen. (Bd. 51.)

Konforme Abbildungen. Von E. Wicke. (Bd. 73.)

Vektoranalysis. Von L. Peters. (Bd. 57.)

Ebene Geometrie. Von B. Kerst. (Bd. 10.)

Der pythagoreische Lehrsatz mit einem Ausblick auf das Fermatsche Problem. Von W. Lietzmann. 3. Aufl. (Bd. 3.)

Der Goldene Schnitt. Von H. E. Timerding. 2. Aufl. (Bd. 32.)

Einführung in die Trigonometrie. Von A. Witting. (Bd. 43.)

Sphärische Trigonometrie. Kugelgeometrie in konstruktiver Behandlung. Von L. Balser. (Bd. 69.)

Methoden zur Lösung geometrischer Aufgaben. Von B. Kerst. 2. Aufl. (Bd. 26.)

Nichteuklidische Geometrie in der Kugelebene. Von W. Dieck. (Bd. 31.)

Einführung in die darstellende Geometrie. Von W. Kramer. I. Teil: Senkr. Projektion auf eine Tafel. (Bd. 66.) II. Teil: Grund- und Aufrißverfahren. Allgemeine Parallelprojektion. Perspektive. [U. d. Pr. 1927.] (Bd. 67.)

Fortsetzung siehe 3. Umschlagseite

Verlag von B. G. Teubner in Leipzig und Berlin

MATHEMATISCH-PHYSIKALISCHE BIBLIOTHEK

HERAUSGEGEBEN VON **W. LIETZMANN** UND **A. WITTING**
===== 73 =====

KONFORME ABBILDUNGEN

VON

E. WICKE
STUDIENRAT AM HELMHOLTZ-REALGYMNASIUM
IN BERLIN-SCHÖNEBERG

MIT 38 FIGUREN IM TEXT

1927

Springer Fachmedien Wiesbaden GmbH

ISBN 978-3-663-15336-8   ISBN 978-3-663-15904-9 (eBook)
DOI 10.1007/978-3-663-15904-9

VORWORT

Das Bändchen soll eine erste Einführung in die Lehre von den konformen Abbildungen sein. An Vorkenntnissen wird lediglich die Differential- und Integralrechnung, wie sie im Schulunterricht erworben wird, gefordert. Will der Leser den vollen Genuß haben, so greife er zum Reißbrett und konstruiere die Aufgaben durch. Vielfach werden sich Schwierigkeiten infolge der Begrenztheit der Zeichenmittel ergeben. Bei einigem Nachdenken lassen sich diese doch stets überwinden.

Möge der Leser zu tieferem Studium angeregt werden und bis zu den modernen Arbeiten von Koebe und Caratheodory vordringen.

Den Herren Herausgebern habe ich für die Unterstützung bei der Korrektur zu danken.

Der Verlagsbuchhandlung gilt mein Dank für die Mühe und Sorgfalt, die sie bei der Ausstattung des Bändchens verwandt hat.

E. Wicke.

INHALTSVERZEICHNIS

Einleitung: Einige Beispiele von Abbildungen

I. Die Transformation durch reziproke Radien.

1. Begriff der Transformation durch reziproke Radien . . . 9
2. Konstruktion zugeordneter Punkte 9
3. Winkeltreue der Inversion 10
4. Abbildung einer Geraden 11
5. Abbildung eines Kreises 12
6. Anwendung der Inversion bei Konstruktionen 15
7. Anwendung der Inversion auf die Theorie der geometrischen Konstruktionen 17
8. Anwendung der Inversion in der Technik 19
9. Erweiterung von Lehrsätzen mittels der Inversion 19

II. Die Darstellung der konformen Abbildung mittels komplexer Zahlen

10. Einleitung zu den komplexen Zahlen 20
11. Rückblick auf die Rechengesetze der reellen Zahlen . . . 21
12. Das Rechnen mit komplexen Zahlen 23
13. Einige Sätze über die komplexen Zahlen 27
14. Abbildung durch lineare Funktionen 28
15. Anwendung der linear gebrochenen Funktionen 31
16. Die allgemeine lineare Transformation in kinematischer Betrachtung 38
17. Allgemeine Erörterungen über Funktionen zweier Veränderlicher 38
18. Allgemeine Erörterungen über die komplexen Funktionen 40
19. Die Funktion $Z = z^2$ 43
20. Einfaches Beispiel einer Riemannschen Fläche 43
21. Aufgaben zur Funktion $Z = z^2$ 44
22. Weitere Betrachtung der Funktion $Z = z^2$ 46
23. Weitere Aufgaben zur Funktion $Z = z^2$ 46
24. Die Funktion $Z = z^n$ 47
25. Aufgabe zur Funktion $Z = z^n$ 48
26. Die Funktion $Z = \frac{1}{2}\left(z + \frac{1}{z}\right)$ 49
27. Abbildung von Ellipsen und Hyperbeln 50
28. Anwendung der konformen Abbildung 51
29. Konforme Abbildung von Strömungsbildern 55
30. Die Funktion e^z 56
31. Anwendungen der Funktion e^z 57

Schluß: Ausblick auf das Riemannsche Abbildungsproblem 59

EINLEITUNG

Bei dem Worte Abbildung denken wir zunächst an eine Photographie. Wir wollen auch von einem solchen Bild ausgehen. Es handele sich um die Aufnahme eines ebenen Geländes von einem Flugzeug aus. Die Platte möge bei der Aufnahme mit dem Gelände einen beliebigen Winkel gebildet haben. Mathematisch gesprochen handelt es sich um folgendes: Es seien zwei beliebige Ebenen I und II, die das ebene Gelände und die Platte vertreten sollen, und ein Punkt C — bei der Aufnahme der Hauptpunkt des Linsensystems der Flugzeugkamera — außerhalb der beiden Ebenen gegeben (Fig. 1). Verbinden wir einen Punkt P der Ebene I mit C, so möge diese Gerade die Ebene II in einem Punkte P_1 schneiden. Wir sagen, P_1 ist das Bild von P, P geht in P_1 über oder P und P_1 sind einander zugeordnet. Führen wir die Konstruktion für alle Punkte der Ebene I aus, so sagen wir, die Ebene I ist auf die Ebene II abgebildet. Im Gegensatz

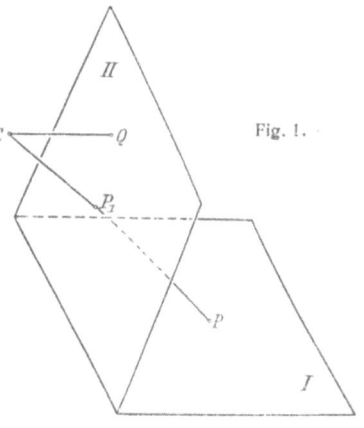

Fig. 1.

zu der photographischen Aufnahme macht hier die Auffassung, die Ebene I als das Bild der Ebene II aufzufassen, keinerlei Schwierigkeit. Die beschriebene Zuordnung führt den Namen Zentralprojektion, die Strahlen durch C heißen Projektionsstrahlen.

Wir betrachten noch einige Eigenschaften der Zentralprojektion. Jede Gerade der einen Ebene geht in eine Gerade der anderen Ebene über. Handelt es sich z. B. um eine Gerade der Ebene I, so erfüllen alle Projektionsstrahlen der Punkte dieser Gerade eine Ebene. Das Bild der Gerade kommt durch den Schnitt dieser projizierenden Ebene mit der Ebene *II* zustande, ist also eine Gerade. Ist ein Projektionsstrahl eines Punktes *Q* der Ebene *II* (Fig. 1) parallel zu der Ebene *I*, so erhalten wir keinen Bildpunkt für *Q*. Alle Punkte dieser Eigenschaft, für die in der Ebene *I* kein Bild vorhanden ist, erfüllen eine Gerade, die durch den Schnitt einer zu der Ebene *I* parallelen Ebene durch *C* mit der Ebene *II* zustande kommt. Ebenso gibt es in der Ebene *I* eine Gerade, deren Punkte keine Bildpunkte in der Ebene *II* haben. Der Satz:

Die Zentralprojektion ist eine umkehrbar eindeutige Abbildung

hat hiernach keine ausnahmslose Gültigkeit. Um die lästige Ausnahme zu beseitigen, treffen wir folgende Verabredung: Jeder Ebene ordnen wir neben den wirklichen Punkten noch uneigentliche Punkte zu. Das Bild des Punktes *Q* soll ein derartiger Punkt der Ebene *I* sein. Da die Punkte ohne wirkliche Bildpunkte eine Gerade erfüllen und das Bild einer Gerade im allgemeinen wieder eine Gerade ist, so müssen wir die uneigentlichen Punkte einer Ebene in einer Gerade annehmen. Mit Einführung der uneigentlichen Punkte ist der obige Satz ausnahmslos gültig geworden. Ein anderes Ziel hatten wir nicht. Wir betonen aber noch einmal, daß wir keine Aussage über die Natur des Unendlichen gemacht haben. Auch gilt der neue Begriff zunächst nur für die Zentralprojektion.

Wir wollen diese Abbildung jetzt erweitern. Wir denken uns die Punkte zweier Ebenen einander zugeordnet. Veranschaulichen können wir uns eine solche Abbildung leicht durch Verzerrung einer Gummimembran. Die ebene Membranfläche vor und nach der Verzerrung stellen die beiden aufeinander bezogenen Ebenen dar. Keineswegs wird hier allgemein jede Gerade in eine andere übergehn. Analytisch können wir eine solche Abbildung, für die wir auch den Namen Transformation benutzen, folgendermaßen darstellen. In beiden Ebenen legen wir ein Koordinatensystem zugrunde. Ob ein rechtwinkliges System oder ein anderes zweckmäßig ist, hängt von der Art der Transformation ab. Wird die Membran so verändert, daß ein Punkt fest bleibt, während alle anderen Punkte auf Geraden durch diesen festen Punkt wandern, so wird man ein Polarkoordinatensystem wählen.

Allgemein seien x und y bzw. X und Y die Koordinaten entsprechender Punkte in den beiden Ebenen — wir bezeichnen sie auch als (xy)- und (XY)-Ebenen. Die Beziehung wird sich durch zwei Funktionen

$$X = g(x, y) \quad \text{und} \quad Y = h(x, y)$$

darstellen lassen. Um das Bild des Punktes P rechnerisch zu ermitteln, setzen wir seine Koordinaten x und y in die beiden Funktionen g und h ein und bestimmen X und Y. Der Punkt Q mit den Koordinaten X und Y ist das Bild von P.

Eine weitere Verallgemeinerung unserer Abbildung wäre, daß wir die Punkte einer krummen Fläche auf eine Ebene beziehen. Die Kartenkunde macht bei ihren Entwürfen hiervon ausgiebig Gebrauch. Projizieren wir alle Punkte der nördlichen oder südlichen Halbkugel senkrecht auf die Äquatorebene, so erhalten wir einen orthographischen Polarentwurf. In Fig. 2

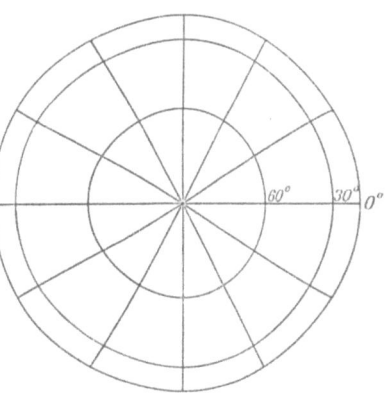

Fig. 2.

ist dieser Kartenentwurf dargestellt. Die Breitenkreise gehen in Kreise über. Ist r der Halbmesser des Äquators, so ist $r \cdot \cos\varphi$ der Halbmesser des Bildkreises eines Breitenkreises von der Breite φ. Die Längenkreise gehen in ein Strahlenbüschel über.

Wollen wir solche Abbildungen untersuchen, bei denen wir nur wissen, daß Punkte in Punkte übergehen, so werden wir nur wenig Tatsachen ermitteln können. Das ist eine allgemeine Erscheinung in der Mathematik. Behandeln wir das gewöhnliche Viereck, so ergeben sich nur wenig Sätze. Wählen wir aber bestimmte Vierecke, die Parallelogramme, so gewinnt man erheblich mehr Sätze. Ähnlich verfahren wir hier. Um die Bedingung zu formulieren, die wir der Abbildung auferlegen müssen, beschäftigen wir uns mit dem Begriff der Winkeltreue. Wir bilden nach irgendeinem geometrischen oder analytischen Gesetz zwei sich schneidende Kurven 1 und 2 der (xy)-Ebene auf zwei Kurven I und II einer (XY)-Ebene ab (Fig. 3). In den beiden Schnittpunkten P und Q der Kurven zeichnen wir die Tangenten an die Kurven. Diese Winkel nennen wir die Schnittwinkel der Kurven in den betreffenden Punkten. Ist das Gesetz der Abbildung so beschaffen, daß die Schnittwinkel entsprechender Kurven gleich sind, so bezeichnen wir die Abbildung als winkeltreu oder isogonal. Natürlich muß die Winkeltreue für alle Punkte gelten; höchstens dürfen einige ausgenommen werden. Außer

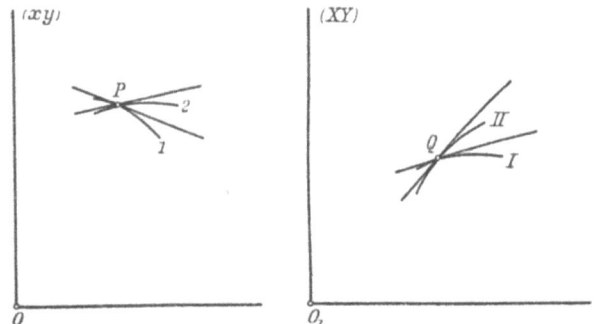

Fig. 3.

der Größe legen wir den Winkeln noch einen Drehsinn bei. Müssen wir die Tangenten 1 bzw. I in gleichem Sinne drehen, damit sie in die Tangenten 2 bzw. II übergehn, so nennen wir die Abbildung eine konforme. Im anderen Falle reden wir von einer winkeltreuen Abbildung mit Umlegung der Winkel. Fig. 3 stellt eine konforme Abbildung dar.

Die Zentralprojektion ist im allgemeinen keine winkeltreue Abbildung. Sind jedoch die beiden Ebenen I und II parallel, so ist die Abbildung konform, denn die Figuren der einen Ebene werden ja nur vergrößert.

Aufgabe: Ermittle die Punkte einer allgemeinen Zentralprojektion, in denen sie konform ist.

I. DIE TRANSFORMATION DURCH REZIPROKE RADIEN

1. Begriff der Transformation durch reziproke Radien.
In dem folgenden Abschnitt behandeln wir diese wichtige Abbildung. Sie wird sich als eine winkeltreue Abbildung mit Umlegung der Winkel erweisen. Die Abbildung fällt also eigentlich aus dem Rahmen der zur Besprechung zugelassenen Abbildungen heraus. Wenn ihre Besprechung trotzdem einen breiten Raum einnimmt, so geschieht es deswegen, weil sie in ihren Anwendungen so außerordentlich fruchtbar ist und sie bei dem Aufbau der konformen Abbildungen eine große Rolle spielt. Führt man nämlich zwei Transformationen, die beide ungleichsinnig winkeltreu sind, hintereinander aus, so erhält man eine konforme Abbildung.

Wir ziehen von einem Punkte O, dem Nullpunkte, einen Strahl und nehmen auf ihm einen Punkt P an. Bestimmen wir auf der gezeichneten Gerade einen Punkt Q derart, daß
$$OP \cdot OQ = r^2,$$
so liegt eine Transformation nach reziproken Radien oder eine Inversion vor. Liegen die beiden Punkte P und Q beide auf derselben Seite von O, so reden wir von einer hyperbolischen Inversion, im entgegengesetzten Falle liegt eine elliptische Inversion vor. Wir unterscheiden die beiden Fälle dadurch, daß wir bei der hyperbolischen Inversion zu der Konstanten r^2 ein positives Vorzeichen und bei der elliptischen Inversion ein negatives Vorzeichen hinzusetzen.

Der Übergang von einer hyperbolischen zu einer elliptischen Inversion gestaltet sich sehr einfach durch Ermittlung der zentralsymmetrischen Figur in bezug auf den Punkt O. Da dieser Übergang keinerlei Schwierigkeiten bereitet, so betrachten wir vorwiegend die hyperbolische Inversion.

Bei der hyperbolischen Inversion, deren Gleichung also
$$OP \cdot OQ = r^2$$
ist, entsprechen sich alle Punkte eines Kreises um O mit dem Halbmesser r. Dieser Kreis spielt eine wichtige Rolle, er möge der Grundkreis der hyperbolischen Inversion heißen.

2. Konstruktion zugeordneter Punkte. Sollen wir zu einem Punkte P (Fig. 4), der außerhalb des Grundkreises liegt, den zugeordneten Punkt Q konstruieren, so ziehen wir von P aus die Tangenten an den Grundkreis; A und B seien die Berührungspunkte. Der Schnittpunkt der Berührungssehne AB mit der Zentrale OP liefert den gesuchten Punkt Q, wie man mit Hilfe elementarer Sätze ohne weiteres einsieht. Liegt P innerhalb des Grundkreises, so ist die Konstruktion nur umzukehren. Der zugehörige Punkt zum Punkte Q der Fig. 4 ist der Punkt P. Wir erhalten somit den Satz:

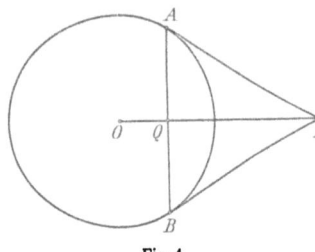

Fig. 4.

Die hyperbolische Inversion ist umkehrbar eindeutig.

Wir merken noch an, daß jedem Punkte außerhalb des Grundkreises ein Punkt innerhalb desselben und umgekehrt entspricht. Aus der Gleichung leiten wir noch folgende Tatsache ab. Sind OP und OQ die Entfernungen zweier zugeordneter Punkte vom Nullpunkte und bilden wir einen Punkt P ab, dessen Entfernung von O den Wert $2 \cdot OP$ hat, so ist die Entfernung des zugehörigen Punktes Q vom Nullpunkt $\frac{1}{2} \cdot OQ$.

Rückt der Punkt Q auf den Nullpunkt zu, so rückt der Punkt P ins Unendliche. Dem Nullpunkt entspricht also kein wirklicher Punkt der Ebene. Damit diese Tatsache unseren obigen Satz nicht umstößt, treffen wir folgende Verabredung: Wir ordnen der Ebene noch einen uneigentlichen Punkt, den unendlichfernen Punkt, zu. Dieser soll das Bild des Nullpunktes sein.

3. Winkeltreue der Inversion. Wir wollen nun feststellen, ob die Inversion winkeltreu ist, ob sie also in den Kreis der von uns zugelassenen Abbildungen fällt. Wir beweisen den Satz zunächst für einen Sonderfall. Wir betrachten (Fig. 5) zwei zugehörige Kurven k und k_1 und schneiden beide durch eine Zentrale, P und Q seien die Schnittpunkte. Wir behaupten, die Kurven k und k_1 bilden mit der Zentrale gleiche Schnittwinkel α und β. In der Nähe der Punkte P und Q wählen wir zwei weitere zugehörige Punkte P_1 und Q_1 der Kurven, die natürlich ebenfalls auf einer Zentrale liegen

Zugeordnete Punkte; Winkeltreue 11

müssen. Wir verbinden P mit P_1 und Q mit Q_1. Aus der Beziehung
$$OP \cdot OQ = OP_1 \cdot OQ_1 = +r^2$$
folgt, daß das Viereck PP_1Q_1Q ein Sehnenviereck ist. Daraus ergibt sich, daß die in der Fig. 5 mit α_1 und β_1 bezeichneten Winkel gleich sind. Rücken die Punkte P_1 und Q_1 auf P bzw. Q zu, so bleibt

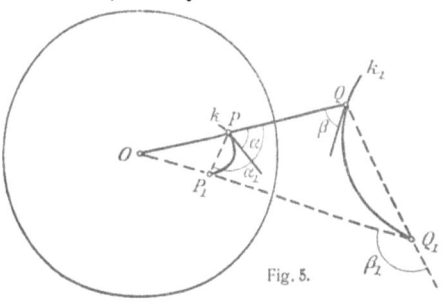

Fig. 5.

diese Winkelbeziehung erhalten, der Unterschied zwischen den Winkeln α, α_1 und β, β_1 wird aber immer geringer, und in der Grenzlage, wenn die Punkte P_1 und P und Q_1 und Q aufeinanderfallen, stimmen die Winkel überein. Das sind aber gerade unsere Schnittwinkel, deren Gleichheit wir beweisen wollten.

Im allgemeinen Falle mögen sich zwei zugeordnete Kurvenpaare k und l bzw. k_1 und l_1 in den Punkten P und Q schneiden. Wir verbinden P mit Q durch eine Gerade, die eine Zentrale darstellt (Fig. 6). Die Gleichheit der Schnittwinkel ist durch einen Blick auf die Figur ohne weiteres klar. Wir erhalten das Ergebnis:

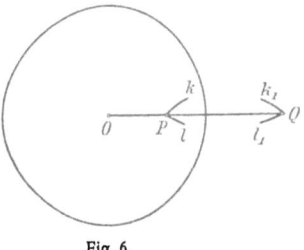

Die hyperbolische Inversion ist eine winkeltreue Abbildung, allerdings mit Umlegung der Winkel.

Fig. 6.

Da eine zentralsymmetrische Abbildung eine winkeltreue Abbildung ohne Umlegung der Winkel ist, gilt der obige Satz auch für die elliptische Inversion.

4. Abbildung einer Geraden. Wir untersuchen nun, worin einzelne Kurven bei der Inversion übergehen, und beginnen mit der Abbildung einer Gerade g (Fig. 7). Von O fällen wir ein Lot auf g, der Fußpunkt sei F. Wir bilden F ab; der zugeordnete Punkt sei G. Über OG als Durchmesser errichten wir einen Kreis, und durch O ziehen wir einen Strahl, der den Kreis in Q und die Gerade in P trifft. Die Dreiecke OPG und OFQ stimmen in zwei Winkeln überein und sind somit ähnlich. Aus der Proportion $OG:OP = OQ:OF$ folgt $OP \cdot OQ = OG \cdot OF = r^2$; P und Q sind somit zugehörige Punkte. Wir erhalten den Satz:

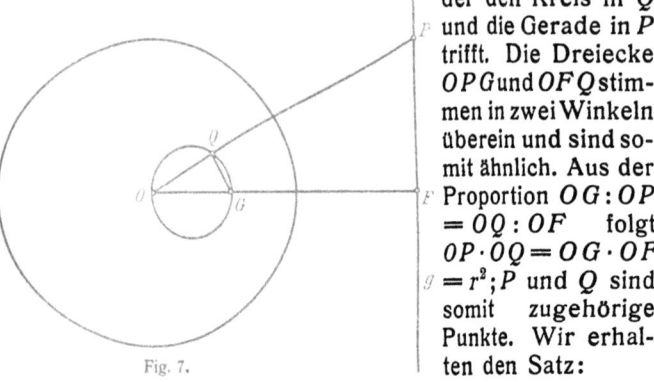

Fig. 7.

Eine Gerade geht durch die Inversion in einen Kreis durch den Nullpunkt über und umgekehrt.

Schneidet die Gerade den Grundkreis, so ist die Konstruktion des zugeordneten Kreises besonders leicht.

5. Abbildung eines Kreises. Unser nächstes Problem lautet: Wie bildet sich ein Kreis ab? Wenn man in der Mathematik ein Problem nicht sofort in voller Allgemeinheit lösen kann, so sucht man zunächst spezielle Fälle zu erledigen. Bisweilen gelingt es, den allgemeinen Fall auf den beson-

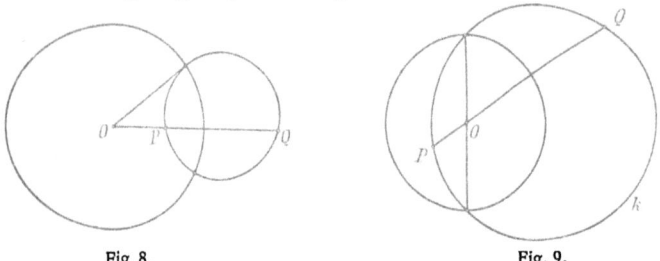

Fig. 8.   Fig. 9.

deren Fall zurückzuführen. Wir gehen in ähnlicher Weise vor und betrachten zunächst einen Kreis k, der den Grundkreis rechtwinklig schneidet (Fig. 8). Ziehen wir durch O einen Strahl, der den Kreis in den Punkten P und Q schneidet,

Abbildung eines Kreises

so gilt die Beziehung $OP \cdot OQ = r^2$. Alle Punkte innerhalb des Kreises k des Grundkreises gehen in Punkte außerhalb des Grundkreises über.

Wir betrachten nun einen **besonderen Fall der elliptischen Inversion**. Ist r die absolut genommene Konstante, so beschreiben wir mit dem Halbmesser r um O einen Kreis (Fig. 9). Dieser Kreis ist nicht mit dem Grundkreis der hyperbolischen Inversion zu verwechseln. Ein Kreis k schneide diesen Kreis so, daß die gemeinsame Sehne durch den Mittelpunkt geht. Ziehen wir durch O eine Zentrale, die den Kreis k in den Punkten P und Q schneidet, so besteht die Beziehung $OP \cdot OQ = r^2$. Dieser besondere Kreis geht also bei der elliptischen Inversion in sich über.

Wir reden in den beiden letzten Fällen von einer **Selbstinversion des Kreises**.

Ehe wir einen Kreis in allgemeiner Lage abbilden, benötigen wir noch einen Hilfssatz. Wir invertieren eine Figur zweimal, wobei der Inversionsmittelpunkt derselbe bleiben soll. Geht ein Punkt P das eine Mal in einen Punkt Q_1 und das andere Mal in einen Punkt Q_2 über, so mögen die Gleichungen bestehen

$$OP \cdot OQ_1 = r_1^2 \quad \text{und} \quad OP \cdot OQ_2 = r_2^2.$$

Die Division beider Gleichungen ergibt

$$\frac{OQ_1}{OQ_2} = \frac{r_1^2}{r_2^2}.$$

Daraus erkennen wir, beide transformierte Figuren sind ähnlich. Sind beide Transformationen von gleicher Art, so ist O äußerer, sind sie von ungleicher Art, so ist O innerer Ähnlichkeitspunkt.

Den gewonnenen Hilfssatz wenden wir jetzt an. Schließt der zu transformierende Kreis k den Punkt O aus, so zeichnen wir um O einen Kreis g, der k rechtwinklig schneidet. Die Transformationen an dem Grundkreis und dem Kreis g liefern ähnliche Figuren. Die Transformation des Kreises k an g ist aber k selbst, also geht k bei der Transformation an dem Grundkreis ebenfalls in einen Kreis über. Liegt der Mittelpunkt des Grundkreises innerhalb des Kreises k, so beschreiben wir um O einen Kreis g, der k unter einem

14   I. Die Transformation durch reziproke Radien

Durchmesser schneidet. Der Leser kann nun leicht weiter schließen. Wir erhalten den wichtigen Satz:

Bei der Inversion gehen Kreise in Kreise über.

Da wir Geraden als Kreise mit unendlich großem Radius auffassen können, so erleidet der Satz keine Ausnahme, wenn der Kreis durch den Punkt O geht.

Eine Transformation, bei der beliebige Kreise wieder in Kreise übergehn, bezeichnet man nach Moebius als Kreisverwandtschaft. Die Inversion ist somit eine Kreisverwandtschaft.

Wir erwähnen noch einige leichtverständliche Tatsachen,

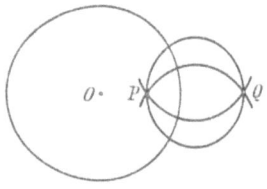

Fig. 10.

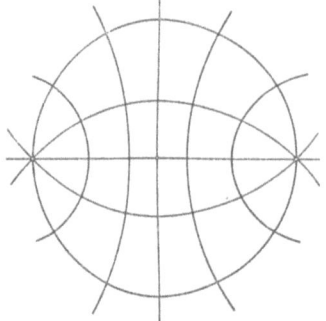

Fig. 11.

die uns bei der Lösung von Aufgaben sehr nützlich sein werden. Alle Kreise durch zwei zugeordnete Punkte P und Q schneiden den Grundkreis rechtwinklig (Fig. 10). Wird diese Figur an einem neuen Grundkreis transformiert, so geht der erste Grundkreis in einen Kreis h über. Infolge der Winkeltreue geht die Kreisschar durch P und Q in eine Kreisschar über, die den Kreis h rechtwinklig schneidet. Die Punkte, in die P und Q übergehn, sind auch zu h invers, denn in ihnen schneidet sich die transformierte Kreisschar. Wählt man als Mittelpunkt des Kreises h einen der Punkte P oder Q, so geht die Kreisschar in ein Strahlenbüschel über. Umgekehrt geht jedes Strahlenbüschel durch die Inversion in eine Kreisschar durch zwei Punkte über. Zeichnet man um den Strahlenpunkt als Mittelpunkt eine Anzahl konzentrischer Kreise, so gehen diese in eine Kreisschar über, die infolge der Winkeltreue die erste Kreisschar rechtwinklig schneidet (Fig. 11).

Kreise: Anwendungen der Inversion

6. Anwendungen der Inversion bei Konstruktionen.
Bei dem beschränkten Raume können wir nur wenige **Aufgaben** herausgreifen. Der Leser führe die Konstruktionen näher durch.

1. Zwei Kreise k und k_1 sollen durch Inversion ineinander übergeführt werden. Die Lage des Grundkreises sei gesucht. Im Falle einer hyperbolischen Inversion konstruiere man den äußeren und im Falle einer elliptischen Inversion den inneren Ähnlichkeitspunkt der beiden Kreise. Dieses ist der Mittelpunkt O des gesuchten Kreises. Mittels zweier zugehöriger Punkte bestimmt man sehr leicht den Halbmesser des Grundkreises.

2. Es sei ein Kreis so durch zwei Punkte P und Q zu legen, daß er einen gegebenen Kreis k rechtwinklig schneidet. Wir konstruieren zu einem der Punkte den inversen Punkt in bezug auf den Kreis k, er sei R. Der Kreis durch P, Q und R ist der verlangte.

3. Zwei Kreise k und k_1 seien durch Inversion in gleich große überzuführen. Wir bestimmen zunächst den Grundkreis g, der die beiden Kreise ineinander überführt. Invertieren wir nun an einem neuen Grundkreis g_1, so bleibt nach den Bemerkungen auf S. 14 die Inversionsbeziehung zwischen den drei Kreisen erhalten. Wählen wir den Mittelpunkt des Kreises g_1 auf g, so geht g in eine Gerade s über. Die Kreise k und k_1 gehen dann in zwei zu der Geraden s symmetrisch gelegene Kreise über. Je nach der Wahl des Mittelpunktes und des Halbmessers des Kreises g hat die Aufgabe verschiedene Lösungen. Sehr interessant gestaltet sich die Aufgabe, drei Kreise in gleich große überzuführen. Sie bietet nach Erledigung der vorhergehenden Aufgabe keine Schwierigkeiten.

Zahlreiche **Aufgaben** werden durch die Inversion auf einfachere zurückgeführt. Wir geben hierfür einige Beispiele.

4. Durch einen Punkt P sei ein Kreis l zu legen, der zwei Kreise k und k_1 rechtwinklig schneidet. Wir denken uns, wir hätten die Aufgabe gelöst. Invertieren wir diese Figur an einem beliebigen Kreis, so schneidet der invertierte Kreis l die gegebenen Kreise in ihren neuen Lagen auch rechtwinklig. Wählen wir als Mittelpunkt den Punkt P, so erscheint der gesuchte Kreis l als gemeinsame Zentrale der Bildkreise von k und k_1. Zur Vereinfachung werden wir den Halbmesser des Inversionskreises so wählen, daß einer der Kreise zur Selbstinversion gebracht wird. Die Inversion der gemeinsamen Zentrale liefert den verlangten Kreis.

5. Durch einen Punkt P sei ein Kreis zu legen, der zwei gegebene Kreise k und k_1 berührt. Die Lage der Figur sei so, daß die Aufgabe einen Sinn hat. Wie in der vorigen Aufgabe invertieren wir an einem Kreise um P, dessen Halbmesser wir so wählen, daß Selbstinversion eines Kreises eintritt. In der transfor-

mierten Figur zeichnen wir die Tangenten an die Kreise. Je nach Lage der gegebenen Stücke erhalten wir zwei oder vier Tangenten. Ihre Rückinversion liefert die gesuchten Kreise.

Die vorstehende Aufgabe ist eine Unteraufgabe des Berührunsgproblems des Apollonius. Darunter versteht man folgendes Problem. Es sei ein Kreis zu zeichnen, der drei gegebene Kreise berührt. Wird der Halbmesser eines Kreises Null, so liegt die behandelte Aufgabe vor. Die allgemeine Aufgabe wird auf die Aufgabe 5 zurückgeführt. Es seien M_1, M_2 und M_3 die Mittelpunkte und r_1, r_2 und r_3 die Halbmesser der gegebenen Kreise. r_3 sei der kleinste Halbmesser. Um M_1 und M_2 beschreiben wir mit $r_1 - r_3$ und $r_2 - r_3$ Kreise und bestimmen die Kreise, die durch M_3 gehen und die eben konstruierten Kreise berühren. Der Übergang zu dem gesuchten Kreis bietet keine Schwierigkeiten mehr.

Wir wollen eine Verallgemeinerung besprechen, die sich in anderer Richtung bewegt.

6. Durch einen Punkt P sei ein Kreis zu legen, der zwei gegebene Kreise unter vorgeschriebenen Winkeln schneidet. Je nachdem die Winkel $0°$ oder $90°$ betragen, liegen unsere Aufgaben 4 und 5 vor. Wir invertieren mittels eines Kreises um P, und zwar so, daß ein Kreis zur Selbstinversion kommt. Der gesuchte Kreis erscheint in der neuen Lage als eine Sekante, die die transformierten Kreise unter den gegebenen Winkeln schneidet. Wir haben demnach folgende Aufgabe zu lösen. Durch zwei Kreise ist eine Sekante so zu legen, daß die Schnittwinkel verlangte werden. Diese Aufgabe ist mit Leichtigkeit auf die Aufgabe zurückgeführt, die gemeinsame Tangente zweier Kreise zu zeichnen. Die Rückinversion der Sekante liefert dann den verlangten Kreis.

7. Liegt der Punkt P innerhalb eines Kreises, so darf der Schnittwinkel mit diesem Kreise nicht unter einen gewissen Betrag sinken. Der Leser konstruiere dieses Minimum, wenn der andere Winkel gegeben ist.

8. Ferner sei der Leser auf folgende Aufgabe hingewiesen: Durch zwei Punkte sei ein Kreis zu legen, der einen gegebenen Kreis unter einem verlangten Winkel schneidet.

9. Der Leser behandele die Aufgabe 6 entsprechende Minimumsaufgabe, wenn ein Punkt innerhalb des Kreises liegt.

10. Zum Schluß dieses Paragraphen sei folgende Aufgabe behandelt. Zwei sich nicht schneidende Kreise sollen durch Inversion in zwei konzentrische übergeführt werden. Wir zeichnen einen beliebigen Kreis, der die beiden gegebenen Kreise rechtwinklig schneidet. Dieser Kreis möge die gemeinsame Zentrale der gegebenen Kreise in zwei Punkten P und Q treffen. Die Inversion an einem dieser beiden Punkte löst unsere Aufgabe.

7. Anwendung der Inversion auf die Theorie der geometrischen Konstruktionen.

Wenn wir eine Konstruktion durchführen wollen, so ist wesentlich, welche zeichnerischen Hilfsmittel wir zulassen. Mit vorgeschriebenen Hilfsmitteln können wir einen gegebenen Aufgabenkreis lösen. Mit anderen Hilfsmitteln werden wir andere Aufgabenbereiche lösen können. Wir wollen einmal Lineal und Zirkel und ein andermal nur den Zirkel zulassen und feststellen, in welcher Beziehung die Aufgabenkreise stehen.

Zur Lösung dieser Frage besprechen wir zunächst die Adlersche Konstruktion inverser Punkte mittels des Zirkels

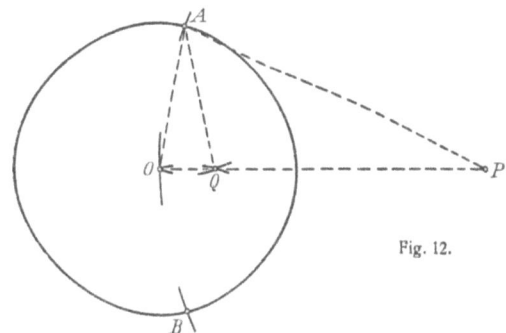

Fig. 12.

allein (Fig. 12). Es sei außerhalb des Grundkreises ein Punkt P gegeben. Mit OP als Halbmesser beschreiben wir einen Kreis, der den Grundkreis in den Punkten A und B trifft. Beschreiben wir um A und B Kreisbogen mit den Halbmessern $OA = OB$, so liefert ihr Schnitt den zu P inversen Punkt Q. Der Beweis folgt sehr leicht aus der Ähnlichkeit der Dreiecke OPA und OAQ.

Liegt P innerhalb des Kreises und ist OP größer als die Hälfte des Grundkreisradius, so verläuft die Konstruktion in gleicher Weise. Ist hingegen OP kleiner als die Hälfte des Grundkreisradius, so verdoppeln wir zunächst OP. Wir beschreiben um P mit PO als Halbmesser einen Kreis und tragen OP von O aus auf dem Kreise dreimal hintereinander ab. Wir erhalten einen Punkt P_1. Ist OP_1 größer als die Hälfte des Grundkreisradius, so invertieren wir P_1 und erhalten einen Punkt Q_1. Nach der Bemerkung auf S. 10 er-

I. Die Transformation durch reziproke Radien

halten wir den zu P inversen Punkt Q, indem wir OQ_1 verdoppeln, was wir mit dem Zirkel ausführen. Genügt die einmalige Verdoppelung nicht, so verdoppeln wir OP_1 abermals und invertieren, falls die Konstruktion dann ausführbar ist.

Es liege nun eine Konstruktion vor, die mit Zirkel und Lineal allein ausgeführt ist. Eine solche Zeichnung enthält Geraden und Kreise. Wir können eine Inversion vornehmen, daß die invertierte Figur nur aus Kreisen besteht. Diese Figur ist aber mit dem Zirkel allein herstellbar. Dazu haben

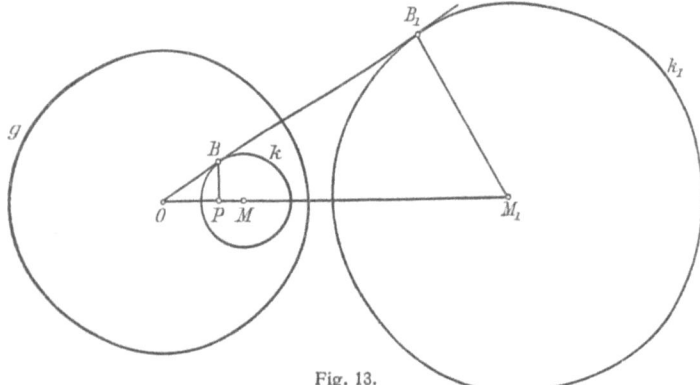

Fig. 13.

wir nur zu zeigen, daß wir einen gegebenen Kreis nur mit Hilfe des Zirkels allein invertieren können.

Es seien (Fig. 13) die Kreise k und k_1 mit den Mittelpunkten M bzw. M_1 in bezug auf den Kreis g mit dem Mittelpunkt O invers. Von O aus ziehen wir die Tangenten an die Kreise k und k_1, ihre Berührungspunkte seien B und B_1. Von B fällen wir ein Lot auf OM, der Fußpunkt sei P. Aus der Proportion
$$OB : OM_1 = OP : OB_1$$
folgt, daß P und M_1 inverse Punkte sind. Nach früheren Bemerkungen sind aber auch O und P invers in bezug auf den Kreis k. Die Konstruktion läßt sich demnach folgendermaßen durchführen. Man invertiert O in bezug auf den Kreis k und erhält den Punkt P; darauf invertiert man P in bezug auf g und erhält M_1. Alle diese Konstruktionen sind mittels der Adlerschen Konstruktion mit dem Zirkel allein ausführbar. Wir erhalten somit als Ergebnis:

Alle Konstruktionen mit Zirkel und Lineal sind auch mit dem Zirkel allein ausführbar.

8. Anwendung der Inversion in der Technik. In der Technik hat man bei der Geradführung eine Anwendung der Inversion gemacht. Bei dem Problem der Geradführung handelt es sich darum, einen Bewegungsmechanismus zu ersinnen, wodurch ein Punkt auf einer Geraden geführt wird. Je nachdem es sich hierbei um eine wirkliche geradlinige oder nur um eine angenäherte geradlinige Bewegung handelt, spricht man von einer eigentlichen oder einer uneigentlichen Geradführung. Hier handelt es sich um eine eigentliche Geradführung.

Wir beschreiben den Peaucellierschen Inversor. Um einen Punkt O (Fig. 14) drehen sich in einer Ebene zwei gleich lange Stangen OA und OB. In dem Winkelraum dieser beiden Stangen ist ein Rhombus $CADB$ eingefügt. Aus Symmetriegründen liegen bei der Bewegung stets O, C und D in einer Geraden. Beschreiben wir um B mit BC als Halbmesser einen Halbkreis, der OB bzw. die Verlängerung in E und

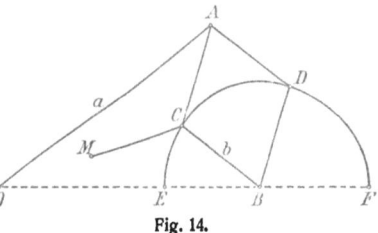
Fig. 14.

F trifft, so ergibt sich unter Einführung der Bezeichnungen $OA = a$ und $BC = b$ die Beziehung

$$OC \cdot OD = a^2 - b^2.$$

C und D sind demnach hyperbolisch zugeordnete Punkte. Es ist aber zu betonen, daß der Kreis mit dem Halbmesser a um O nicht der Grundkreis ist. Der Halbmesser des Grundkreises ist vielmehr $r = \sqrt{a^2 - b^2}$. Soll sich der Punkt D auf einer Geraden bewegen, so muß C auf einem Kreise durch O geführt werden. Das ist mit Hilfe einer geeigneten Führungsstange MC sehr leicht möglich.

Der Leser beweise, daß es sich um eine elliptische Inversion handelt, wenn a kleiner als b ist.

9. Erweiterung von Lehrsätzen mittels der Inversion. Eine letzte Anwendung der Inversion, die wir machen, besteht in der Erweiterung einiger Sätze der Geometrie.

Wir betrachten eine Parallelenschar und eine sie schneidende Gerade. Invertieren wir diese Figur, so gehen die Parallelen in eine Kreisschar mit gemeinsamem Berührungspunkt und die schneidende Gerade in einen Kreis durch den Berührungspunkt über. Wir erhalten den Satz:

Kreise, die sich in einem Punkte berühren, werden von einem Kreise durch den gemeinsamen Berührungspunkt unter gleichen Winkeln geschnitten.

Ferner betrachten wir ein Kreisbogendreieck, dessen Kreise durch einen Punkt gehen. Durch Inversion können wir diese Figur in ein Dreieck umwandeln. Wir entnehmen dann sofort den Satz:

In einem Kreisbogendreieck, dessen Kreise durch einen Punkt gehen, beträgt die Winkelsumme 180^0.

Nimmt man in dem gewöhnlichen Dreieck die Höhen und die Winkelhalbierenden hinzu, so kann man weitere Sätze gewinnen.

II. DIE DARSTELLUNG DER KONFORMEN ABBILDUNG MITTELS KOMPLEXER ZAHLEN.

10. Einleitung zu den komplexen Zahlen. Während wir in den ersten beiden Abschnitten hauptsächlich geometrische Untersuchungen anstellten, wenden wir uns jetzt analytischen Überlegungen zu. Ein mächtiges Hilfsmittel der konformen Abbildung sind die imaginären oder komplexen Zahlen. In der Schule treten uns die imaginären Zahlen zuerst bei der Auflösung der Gleichung zweiten Grades entgegen. Es sind zwei Fälle zu unterscheiden: Erstens können die Lösungen als reelle Zahlen angegeben werden; im zweiten Falle hat man die Quadratwurzel aus einer negativen Zahl zu ziehen, eine Aufgabe, die uns zur Einführung des Symbols $\sqrt{-1}$ zwingt. Der Name „imaginär" für das Symbol i deutet an, daß den Mathematikern bei der Einführung dieser Größe recht unwohl zumute war. Man erzielte aber bald ungeahnte Erfolge mit den neuen Zahlen, und das Mißtrauen schwand. Man empfand gar nicht mehr die Notwendigkeit einer sicheren Grundlage, bis eines Tages eine unerlaubte Anwendung der imaginären Zahlen zu einem offensichtlich falschen Ergebnis führte. In dieser Hinsicht teilen die imaginären Zahlen das Schicksal fast aller bedeutenden mathematischen Entdeckungen. Das muß so sein. Mathematiker, die immer nur bemüht sind, auf gesicherten Grundlagen aufzubauen, gleichen Leuten, die auf einem Ozeandampfer ängstlich mit dem Schwimmgürtel einhergehen. Sie beschreiten keine neuen Bahnen in der Wissenschaft. Das tun nur Männer, die in kühnem Wagemut sich auf schwankenden Nußschalen auf das Weltmeer hinauswagen. Erleidet ein solch Kühner einmal Schiffbruch, dann mögen die Kritiker erforschen, was das Unheil herbeigeführt hat. Ihre Arbeit wird meist unterschätzt. Der Schüler macht sich z. B. keinen Begriff, welche Schwierigkeiten die Grundlegung des Bruchrechnens macht.

11. Rückblick auf die Rechengesetze der reellen Zahlen: Bevor wir das Rechnen mit imaginären Zahlen begründen, wollen wir kurz die Gesetze des Rechnens mit reellen Zahlen zusammenstellen.

Sind a und b zwei positive ganze Zahlen, so erhalten wir durch Addition eine neue Zahl c, die wir als Summe der Zahlen a und b bezeichnen. Symbolisch schreiben wir $a + b = c$. Für die Addition gelten das kommutative und das assoziative Gesetz, die sich in den Formeln ausdrücken

$$a + b = b + a \text{ und } a + (b + c) = (a + b) + c.$$

Auf die Umkehrung der Addition, die Subtraktion, kommen wir in folgender Weise. Sind a und b zwei reelle Zahlen, so gibt es nur eine Zahl x derart, daß $a + x = b$. Wir schreiben auch $x = b - a$ und nennen x die Differenz der beiden Zahlen a und b. Die Subtraktion ist von vornherein nur für den Fall erklärt, daß $b > a$. Die Ausdehnung auf den Fall $b < a$ führt auf die negativen Zahlen.

Außer der Addition gibt es noch eine zweite Verknüpfung, die Multiplikation. Sind a und b wieder 2 positive Zahlen, so erhalten wir durch Multiplikation eine Zahl c, die wir das Produkt der Zahlen a und b nennen. Symbolisch schreiben wir $a \cdot b = c$. Es gelten auch hier das kommutative und das assoziative Gesetz, die in den Formeln

$$a \cdot b = b \cdot a \text{ und } a \cdot (b \cdot c) = (a \cdot b) \cdot c$$

ihren Ausdruck finden. Die Verbindung der Addition und der Multiplikation liefert das distributive Gesetz, das wir schreiben $a \cdot (b + c) = a \cdot b + a \cdot c$.

Die Division führen wir als Umkehrung der Multiplikation ein. Sind a und b zwei positive ganze Zahlen, so gibt es eine Zahl x derart, daß $a \cdot x = b$. Wir schreiben auch $x = \frac{b}{a}$ und nennen x den Quotienten der Zahlen b und a. Die Division ist zunächst nur für den Fall erklärt, daß a ein Teiler von b ist. Heben wir diese Beschränkung auf, so gelangen wir zu den Brüchen, die wir ebenfalls dem Zahlbereich zufügen.

Die Umkehrungen führten in beiden Fällen zu einer Erweiterung des ursprünglich angenommenen Bereichs der positiven ganzen Zahlen. Wir verlangen, daß diese neuen Zahlen sich den angegebenen Gesetzen unterwerfen. Max Simon drückt das sehr hübsch aus. Die positiven ganzen Zahlen bilden einen Verein, dessen Satzungen die fünf oben angegebenen Gesetze sind. In diesen Verein treten neue Mitglieder, die negativen und gebrochenen Zahlen. Es muß nun verlangt werden, daß die neuen Mitglieder sich den bestehenden Satzungen unterwerfen. Ein Vereinsmitglied würde die Harmonie stören, die Zahl 0. Die Division mit 0 wird sinnlos. Wir verfahren diktatorisch. Wir verbieten die Division durch 0.

Bei der Multiplikation kann der besondere Fall eintreten, daß die Faktoren gleich sind. Wir kommen dann auf die Potenzrechnung; symbolisch schreiben wir für ein Produkt von n gleichen Faktoren a a^n. a heißt die Grundzahl oder Basis, n die Hochzahl oder der Exponent. Die Potenzrechnung liefert zwei Umkehrungen, das Radizieren und das Logarithmieren. Wir betrachten nur das Radizieren. Sind in der Formel $x^n = a$ n und a gegeben, so heißt x die $n$te Wurzel aus a. Wir schreiben auch $\sqrt[n]{a}$. Das Radizieren zwingt zu zwei Erweiterungen des Zahlbereichs. Wir betrachten die Quadratwurzel. Die Quadratwurzel ist zunächst nur erklärt, wenn a eine Quadratzahl ist. Ist aber z. B. $a = 2$, so ist $\sqrt{2}$ weder eine ganze noch eine gebrochene Zahl. Das sehen wir so ein. Wir nehmen an, $\sqrt{2}$ sei eine gebrochene Zahl, etwa $\frac{p}{q}$, wo p und q teilerfremd sind. Aus dieser Annahme folgt $2 = \frac{p}{q} \cdot \frac{p}{q}$. Diese Beziehung ist aber nur möglich, wenn q in p enthalten ist, was der Voraussetzung widerspricht. $\sqrt{2}$ ist eine neue Zahl; wir nennen sie irrational. Sollen wir die Quadratwurzel aus einer negativen Zahl ziehn, so sind wir wiederum vor eine Unmöglichkeit gestellt. Es gibt keine reelle Zahl, deren Quadrat eine negative Zahl ist. Wir führen das schon erwähnte Symbol $i = \sqrt{-1}$ ein, mit dessen Hilfe wir jede Quadratwurzel aus einer negativen Zahl $-a$ in der Form schreiben $\sqrt{-a} = i\sqrt{a}$, z. B. $\sqrt{-64} = 8i$.

Erweitern wir unser Zahlenbereich auf die Zahlen von der Form $a + bi$, wo a und b reelle Zahlen sind, hinzu, die komplexen Zahlen, so nötigen die Rechenoperationen zu keinen neuen Erweiterungen.

12. Das Rechnen mit komplexen Zahlen. Bei der Begründung des Rechnens mit den komplexen Zahlen folgen wir im wesentlichen Gauß, der auch eine geometrische Interpretation gegeben hat. Die komplexe Zahl $a + bi$ hängt von zwei Zahlen a und b ab, die wir zu einem Zahlenpaar (a, b) zusammenfassen. Mit diesen Zahlenpaaren nehmen wir Verknüpfungen vor, um neue Zahlenpaare zu gewinnen. Gleichzeitig verfolgen wir diese Verknüpfungen geometrisch und legen zu diesem Zwecke ein rechtwinkliges Koordinatenkreuz zugrunde. Führen wir statt der Buchstaben a und b die Größen x und y ein, so können wir jedem Zahlenpaar (x, y) den Punkt mit den Koordinaten x und y zuordnen.

Zwei Zahlenpaare (x_1, y_1) und (x_2, y_2) sind gleich, wenn $x_1 = x_2$ und $y_1 = y_2$.

Die erste Verknüpfung der Zahlenpaare wollen wir Addition und ihr Ergebnis Summe nennen. Wir schreiben

$$(x_1, y_1) + (x_2, y_2) = (x_1 + x_2, y_1 + y_2).$$

Genau wie bei den einfachen Zahlen gilt hier das kommutative und das assoziative Gesetz; das ist gerade der Grund, weshalb wir für diese Verknüpfung den Namen „Addition" einführen.

Geometrisch führen wir die Addition zweier Zahlenpaare folgendermaßen aus. Wir verbinden die Punkte P_1 und P_2 mit den Koordinaten x_1, y_1 bzw. x_2, y_2 mit dem Koordinatenanfangspunkt (Fig. 15). Verschieben wir die Strecke OP_2

parallel mit sich, daß O auf P_1 zu liegen kommt, so gibt die neue Lage von P_2, die wir P_3 nennen wollen, den Punkt, der die Summe der beiden Zahlenpaare darstellt. Das Ergebnis bleibt nach den Parallelogrammsätzen dasselbe, wenn wir OP_1 parallel verschieben.

Die Erweiterung auf die Addition beliebig vieler Zahlenpaare bietet keine Schwierigkeiten. Zur geometrischen Deutung wollen wir noch eine Bemerkung machen. Haben wir die Repräsentanten der Zahlenpaare mit dem Anfangspunkt verbunden, so können wir der Figur die Auffassung zugrunde legen, als ob auf einen Massenpunkt in O eine Anzahl Kräfte

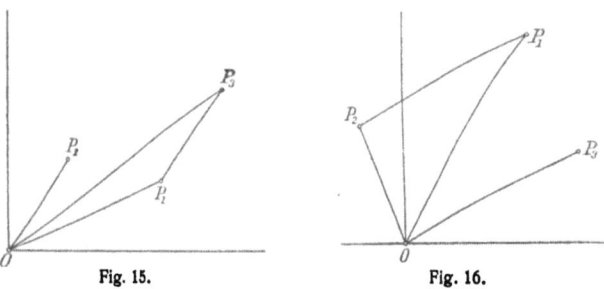

Fig. 15.   Fig. 16.

wirkten. Die Addition läuft dann auf die Bildung der Resultante dieses Kraftsystems hinaus.

Die Subtraktion zweier Zahlenpaare führen wir als Umkehrung der Addition ein. Als Differenz zweier Zahlenpaare (x_1, y_1) und (x_2, y_2) bezeichnen wir ein drittes Zahlenpaar (x_3, y_3), das die Gleichung erfüllt

$$(x_2, y_2) + (x_3, y_3) = (x_1, y_1).$$

Wir schreiben auch

$$(x_3, y_3) = (x_1 - x_2, y_1 - y_2).$$

Geometrisch führen wir die Subtraktion zweier Zahlenpaare so aus, daß wir die Punkte P_1 und P_2 miteinander verbinden und diese Strecke parallel so mit sich verschieben, daß P_2 auf O zu liegen kommt. Die neue Lage von P_1 stellt dann das Zahlenpaar dar, das die Differenz angibt (Fig. 16). Mechanisch bedeutet die Subtraktion die Zerlegung einer Kraft in zwei Komponenten, wenn eine der Größe und Richtung nach gegeben ist.

Rechengesetze

Wir kommen zur zweiten Verknüpfung der Zahlenpaare, deren Ergebnis wir Produkt nennen. Unter dem Produkt zweier Zahlenpaare (x_1, y_1) und (x_2, y_2) verstehen wir das Zahlenpaar

$$(x_1, y_1) \cdot (x_2, y_2) = (x_1 \cdot x_2 - y_1 \cdot y_2, x_1 \cdot y_2 + x_2 \cdot y_1).$$

Der Leser beweise als Übungsaufgabe die Richtigkeit des kommutativen, des assoziativen und des distributiven Gesetzes. Gerade darin liegt wieder der Grund, daß wir diese Verknüpfung Multiplikation nennen.

Zur geometrischen Verdeutlichung der Multiplikation führen wir Polarkoordinaten ein. Statt die Lage eines Punktes P durch seine Abstände von zwei senkrechten Achsen zu kennzeichnen, können wir auch seine Entfernung r vom Nullpunkte und den Winkel φ des Strahles OP gegen die X-Achse angeben. Erfolgt die Drehung der X-Achse zum Strahle OP im entgegengesetzten Drehsinne des Uhrzeigers, so geben wir dem Winkel ein positives, im anderen Falle ein negatives Vorzeichen. Die Länge r bezeichnen wir als absoluten Betrag, den Winkel φ als Argument des Zahlenpaares (x, y). Statt φ können wir auch $\varphi + 2n\pi$ wählen, wo n eine ganze Zahl ist. Der Übergang von den rechtwinkligen zu den Polarkoordinaten geschieht durch die Formeln

$$r = \sqrt{x^2 + y^2}, \quad \operatorname{tg} \varphi = \frac{y}{x} \quad \text{und} \quad x = r \cos \varphi, \quad y = r \sin \varphi.$$

Auf Grund der Definition des Produktes erhalten wir

$$(r_1 \cos \varphi_1, r_1 \sin \varphi_1) \cdot (r_2 \cos \varphi_2, r_2 \sin \varphi_2)$$
$$= (r_1 \cos \varphi_1 \cdot r_2 \cos \varphi_2 - r_1 \sin \varphi_1 \cdot r_2 \sin \varphi_2,$$
$$r_1 \cos \varphi_1 \cdot r_2 \sin \varphi_2 + r_2 \cos \varphi_2 \cdot r_1 \sin \varphi_1).$$

Statt der rechten Seite können wir mit Benutzung der Formeln der Goniometrie schreiben

$$[r_1 r_2 \cdot \cos(\varphi_1 + \varphi_2), r_1 r_2 \cdot \sin(\varphi_1 + \varphi_2)].$$

Wir erkennen folgendes:

Der absolute Betrag eines Produktes ist gleich dem Produkt der absoluten Beträge der Faktoren; das Argument ist gleich der Summe der Argumente der Faktoren.

Hiermit gewinnen wir eine leichte Konstruktion des Produktes zweier Zahlenpaare. Wir verbinden den Punkt E der X-Achse, der den Abstand 1 vom Nullpunkte hat (Fig. 17) mit P_2. Nun bestimmen wir einen Punkt P_3 derart, daß die Dreiecke OP_2E und OP_1P_3 gleichsinnig ähnlich sind. P_3 gibt die Lage des Produktes an.

Die Division kann der Leser sehr leicht an der Hand der Fig. 17 erledigen. Er findet den Satz:

Der absolute Betrag eines Quotienten ist gleich dem Quotienten der absoluten Beträge, und das Argument ist gleich der Differenz der Argumente des Dividenden und des Divisors.

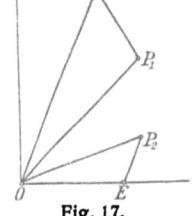

Fig. 17.

Jedes Zahlenpaar (x, y) können wir als Summe zweier Zahlenpaare darstellen:
$$(x, y) = (x, 0) + (0, y).$$

Der Repräsentant von $(x, 0)$ liegt auf der X-Achse, der von $(0, y)$ auf der Y-Achse. Verweilen wir zunächst bei den Zahlen $(x, 0)$. Die Anwendung der vier Grundrechnungsarten liefert
$$(x_1, 0) + (x_2, 0) = (x_1 + x_2, 0)$$
$$(x_1, 0) - (x_2, 0) = (x_1 - x_2, 0)$$
$$(x_1, 0) \cdot (x_2, 0) = (x_1 \cdot x_2, 0)$$
$$\frac{(x_1, 0)}{(x_2, 0)} = \left(\frac{x_1}{x_2}, 0\right).$$

Wir erkennen, daß wir in diesen Formeln die Verabredung treffen dürfen, für das Zahlenpaar $(x, 0)$ einfach die reelle Zahl x zu setzen.

Das Zahlenpaar $(0, y)$ können wir als Produkt zweier Zahlenpaare schreiben
$$(0, y) = (y, 0) \cdot (0, 1).$$

Das Zahlenpaar $(0, 1)$ genügt der Gleichung
$$(0, 1) \cdot (0, 1) = -1.$$

Bezeichnen wir $(0, 1)$ mit i, so gilt die Gleichung
$$i^2 = -1.$$

Wir können somit schreiben
$$(x, 0) + (0, y) = x + iy.$$
Das Zahlenpaar (x, y) ist also weiter nichts als die komplexe Zahl $x + iy$. Mit den Zahlenpaaren hatten wir die Rechenoperationen widerspruchslos aufbauen können. Sollen wir mit den komplexen Zahlen Rechenoperationen ausführen, so denken wir sie mit den entsprechenden Zahlenpaaren vorgenommen. Natürlich gelangen wir auch da zu keinen Widersprüchen.

13. Einige Sätze über die komplexen Zahlen. Wir wenden von jetzt ab wieder die gewöhnliche Schreibart der komplexen Zahlen an und führen noch einige Bezeichnungen und Sätze ein. Wir nennen die X-Achse die reelle und die Y-Achse die imaginäre Achse. In der komplexen Zahl $z = x + iy$ nennt man x den Realteil und y den Imaginärteil von z. Man schreibt auch $x = R(z)$ und $y = I(z)$. Die komplexe Zahl $z = x - iy$ nennt man zu z konjugiert komplex. Man erkennt ohne weiteres die Richtigkeit des Satzes:

Die Summe und das Produkt zweier konjugiert komplexer Zahlen ist reell.

Wir beweisen noch zwei wichtige Lehrsätze:

Die Summe der absoluten Beträge zweier komplexer Zahlen ist niemals kleiner als der absolute Betrag ihrer Summe.

Sind $z_1 = x_1 + iy_1$ und $z_2 = x_2 + iy_2$ zwei komplexe Zahlen, so haben ihre absoluten Beträge die Werte
$$\sqrt{x_1^2 + y_1^2} \quad \text{und} \quad \sqrt{x_2^2 + y_2^2}.$$
Der absolute Betrag der Summe ist $\sqrt{(x_1 + x_2)^2 + (y_1 + y_2)^2}$. Durch Quadrieren findet man sehr leicht die Richtigkeit der Ungleichung
$$\sqrt{x_1^2 + y_1^2} + \sqrt{x_2^2 + y_2^2} > \sqrt{(x_1 + x_2)^2 + (y_1 + y_2)^2}.$$

Verschwindet ein Produkt zweier komplexer Zahlen, so verschwindet mindestens ein Faktor.

Ist $z_1 \cdot z_2 = (x_1 \cdot x_1 - y_2 \cdot y_2) + i(x_1 \cdot y_2 + y_1 \cdot x_2) = 0$, so bestehen die Gleichungen
$$x_1 \cdot x_2 - y_1 \cdot y_2 = 0 \quad \text{und} \quad x_1 \cdot y_2 + x_2 \cdot y_1 = 0.$$

28 II. Die Darstellung der konformen Abbildung usw.

Quadriert man diese Gleichungen und addiert sie, so erhält man nach Ausklammern

$$(x_1^2 + y_1^2) \cdot (x_2^2 + y_2^2) = 0.$$

Diese Gleichung kann aber nur dann bestehen, wenn entweder $x_1 = 0$ und $y_1 = 0$ oder $x_2 = 0$ und $y_2 = 0$ ist, womit der Satz bewiesen ist.

14. Abbildung durch lineare Funktionen. Wir kehren zu unserem eigentlichen Thema, den Abbildungen, insbesondere den konformen, zurück. Außer unserer komplexen z-Ebene mit den Koordinaten x und y, wählen wir eine zweite Z-Ebene mit den Koordinaten X und Y und ordnen die Punkte mittels von uns gewählter Beziehungen einander zu. Bisweilen deuten wir die Abbildung auch als Verzerrung der z-Ebene in sich.

a) Als erstes Beispiel wählen wir die Beziehung

$$X + iY = 2x + iy.$$

Diese Gleichung zerfällt in die beiden

$$X = 2x \text{ und } Y = y.$$

Ein Rechteck, dessen Seiten den Achsen der z-Ebene parallel sind, geht in ein Rechteck über, das ebenso hoch, aber doppelt so lang ist. Denken wir uns die z-Ebene als elastische Gummimembran, so brauchen wir sie nur so verzerren, daß der Abstand sämtlicher Punkte von der y-Achse verdoppelt wird. Die Abbildung ist nicht konform.

b) Als zweites Beispiel betrachten wir die Funktion

$$Z = z + a,$$

wo a eine beliebige komplexe Zahl ist. Nach unserer geometrischen Erklärung der Addition wird jeder Punkt der z-Ebene um die Strecke OA verschoben, wenn A der Zahl a entspricht. Ohne weiteres sieht man ein, daß die Abbildung konform ist.

c) Als drittes Beispiel wählen wir die Funktion

$$Z = r \cdot z,$$

wo r eine reelle Zahl bedeutet. Nach der Erklärung der Multiplikation ist der absolute Betrag von Z gleich dem r fachen von z, während die Argumente von z und Z übereinstimmen. Deuten wir die Abbildung in einer Ebene, so geht jede Figur in eine ähnlich und ähnlich gelegene mit O als Ähnlichkeitspunkt über. Auch diese Abbildung ist konform. Man bezeichnet sie als Streckung vom Punkte O aus. Allgemeiner bedeutet $Z = r(z - z_0)$ eine Streckung vom Punkte z_0 aus.

d) Das nächste Beispiel sei
$$Z = (\cos \varphi + i \cdot \sin \varphi) z.$$

Hier stimmen die absoluten Beträge von z und Z überein, während man zu dem Argument von z den Betrag φ addieren muß, um das Argument von Z zu erhalten. Die behandelte Funktion stellt eine Drehung um den Koordinatenanfangspunkt dar und ist somit konform. Die Funktion
$$Z = i \cdot z,$$
die man für $\varphi = 90°$ erhält, bewirkt eine Drehung um $90°$.

e) Als folgendes Beispiel betrachten wir
$$Z = a \cdot z,$$
wo wir a in der Form $r(\cos \varphi + i \cdot \sin \varphi)$ darstellen. Wir zerlegen unsere Abbildung in zwei aufeinanderfolgende
$$Z' = r \cdot z$$
und
$$Z = (\cos \varphi + i \cdot \sin \varphi) \cdot Z'.$$

Die Abbildung läßt sich als Streckung mit nachfolgender Drehung auffassen. Die Reihenfolge der Streckung und Drehung können wir vertauschen. Der Leser gebe die „Drehstreckung" an, die die Punkte z_0 und Z_0 ineinander überführt.

f) Der Übergang zu der linearen ganzen Funktion
$$Z = a \cdot z + b,$$
wo a und b beliebige komplexe Zahlen sind, erledigt sich ohne Mühe. Wir können aber schon eine ganz interessante Frage aufwerfen: Bleibt ein Punkt z_0 der z-Ebene, wenn wir die Abbildung als Verzerrung der z-Ebene auffassen, unverändert? Es muß dann die Gleichung bestehen
$$z_0 = a \cdot z_0 + b,$$

30 II. Die Darstellung der konformen Abbildung usw.

woraus
$$z_0 = \frac{b}{1-a}$$

folgt. Ist also $a \neq 1$, so ergibt sich für z_0 ein bestimmter Wert. z_0 heißt der Fixpunkt der Abbildung.

Wir können die Abbildung $Z = a \cdot z + b$ aus einer Drehstreckung, die durch a gegeben ist, und einer Parallelverschiebung, die durch b gekennzeichnet ist, zusammensetzen. Schreiben wir die Funktion in der Form $Z = a\left(z + \frac{b}{a}\right)$, so nehmen wir zunächst eine Parallelverschiebung um $\frac{b}{a}$ und dann eine Drehung mit dem Drehungsfaktor a vor. Unter Benutzung des Fixpunktes können wir unsere Funktion schreiben
$$Z - \frac{b}{1-a} = a\left(z - \frac{b}{1-a}\right).$$

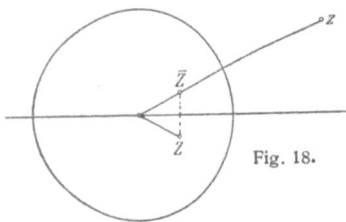

Fig. 18.

In der Funktion $Z = a \cdot z + b$ stecken zwei Konstanten, die wir durch die Forderung, daß 2 Punkte z_0 und z_1 in zwei Punkte Z_0 und Z_1 übergehen sollen, festlegen können. Die Mühe, a und b auszurechnen, wollen wir umgehen. Als linke Seite schreiben wir $Z - Z_0$. Für $z = z_0$ muß dieser Ausdruck verschwinden, für $z = z_1$ muß er in $Z_1 - Z_0$ übergehen. Also kann unser Ausdruck nur lauten
$$Z - Z_0 = \frac{Z_1 - Z_0}{z_1 - z_0}(z - z_0).$$

Als Übung bestimme der Leser hieraus die Werte von a und b und berechne den Fixpunkt der Transformation. Ferner bestimme der Leser den Fixpunkt einer Koordinatenkreuzänderung, die durch Verschiebung des Koordinatenanfangs und die Drehung der Achsen gegeben ist.

g) Wir betrachten eine spezielle gebrochene Funktion
$$Z = \frac{1}{z}.$$

Aus unseren Betrachtungen über die Division folgt, daß das Produkt der absoluten Beträge von z und $Z = 1$ ist, während ihre Argumente entgegengesetzt gleich sind. Wir können unsere Transformation so vornehmen: Um den Punkt 0 beschreiben wir den Einheitskreis und invertieren den Punkt z hyperbolisch. Den so erhaltenen Punkt Z spiegeln wir an der x-Achse und erhalten dann den Punkt Z (Fig. 18). Die beiden Schritte, in denen die Abbildung vorgenommen ist, sind winkeltreu mit Umlegung der Winkel. Die Gesamtausführung liefert also folgendes Ergebnis:

Die Funktion $Z = \frac{1}{z}$ liefert eine konforme Abbildung, und sie führt Kreise wieder in Kreise über.

h) Die allgemeine gebrochene lineare Funktion

$$Z = \frac{az + b}{cz + d}$$

läßt sich in der Form schreiben

$$Z = \frac{a}{c} + \frac{bc - ad}{(cz + d)c}.$$

Wir bauen diese Funktion in vier Schritten auf:

$$z_1 = (cz + d)c$$
$$z_2 = \frac{1}{z_1}$$
$$z_3 = (bc - ad)z_2$$
$$Z = \frac{a}{c} + z_3.$$

Sofern $bc - ad \neq 0$, vermittelt jeder Schritt eine konforme Abbildung; Kreise werden wieder in Kreise überführt. Wir formulieren unser Ergebnis in dem Satze:

Die Funktion $Z = \frac{az + b}{cz + d}$ bewirkt eine konforme Abbildung; sie ist eine Kreisverwandtschaft.

Die Umkehrung der Funktion liefert $z = \frac{-dZ + b}{cZ - a}$, also wiederum eine linear gebrochene Funktion. Wir erkennen somit die umkehrbare Eindeutigkeit der Abbildung.

15. Anwendung der linear gebrochenen Funktionen.

In der Funktion $Z = \frac{az + b}{cz + d}$ stecken vier Konstante, davon sind aber nur drei wesentlich. Wir können sie so charakterisieren, daß wir verlangen, drei Punkte der z-Ebene z_1, z_2

32 II. Die Darstellung der konformen Abbildung usw.

und z_3 sollen in drei Punkte Z_1, Z_2 und Z_3 der Z-Ebene übergehen. Infolge der Kreisverwandtschaft werden dann sämtliche Punkte des Kreises durch z_1, z_2 und z_3 in Punkte des Kreises durch Z_1, Z_2 und Z_3 übergehen. Die Berechnung der Konstanten a, b, c und d aus den sechs Werten $z_1, \ldots, Z_3$ würde sehr langwierig und uninteressant sein. Wir sind sofort in der Lage, die Funktion anzugeben, die unsere verlangte Abbildung bewirkt. Sie lautet

$$\frac{Z-Z_1}{Z-Z_2} \cdot \frac{Z_3-Z_2}{Z_3-Z_1} = \frac{z-z_1}{z-z_2} \cdot \frac{z_3-z_2}{z_3-z_1}.$$

Wird $z = z_1$, so ergibt sich $Z = Z_1$ usw. Wollen wir die Werte $a, \ldots, d$ bestimmen, so brauchen wir nur Z aus dieser Beziehung auszurechnen. Wir haben dann nur noch festzustellen, ob das Innere der beiden Kreise sich entspricht oder ob das Innere des einen Kreises in das Äußere des anderen übergeht. Da verfahren wir so: Vom Punkte z_1 ziehen wir eine Kurve k in das Innere des Kreises. Der Übergang des Richtungssinnes von z_1 nach z_2 in den Richtungssinn der Kurve möge im Sinne des Uhrzeigers erfolgen. Dann muß die k entsprechende Kurve K, die von Z_1 ausgeht, so laufen, daß der Übergang des Richtungssinnes von Z_1 nach Z_2 in den von K ebenfalls im Uhrzeigersinne erfolgt. Kurz können wir sagen: Die Teile, die bei dem Umlauf von z_1 nach z_2 bzw. von Z_1 nach Z_2 zu gleichen Händen liegen, entsprechen sich.

a) Je nachdem man die Punkte $z_1, \ldots, Z_3$ wählt, kann man schon interessante Probleme lösen. Wir wollen die obere Halbebene der z-Ebene auf den Einheitskreis der Z-Ebene abbilden. Der Kreis der z-Ebene ist also in diesem speziellen Falle in eine Gerade, die x-Achse ausgeartet. Wir verwenden zur Lösung unserer Aufgabe folgendes Theorem, das ohne weiteres verständlich ist:

Ein Kreis und zwei in bezug auf ihn konjugierte Punkte gehen bei einer Abbildung durch lineare Funktionen wieder in einen Kreis mit zwei konjugierten Punkten über. Ist der letztere Kreis eine Gerade, so liegen die Punkte zu ihr symmetrisch.

Anwendungen

Es sei $Z = \dfrac{az+b}{cz+d}$ die Funktion, welche unsere Aufgabe löst. c muß von 0 verschieden sein, sonst würde eine Drehstreckung vorliegen, und eine Gerade könnte niemals in einen Kreis übergehen. In der Z-Ebene sind die Punkte 0 und ∞ konjugierte Punkte. Diese entsprechen den Punkten

$$z_1 = -\frac{b}{a} \quad \text{und} \quad z_2 = -\frac{d}{c}.$$

z_1 und z_2 müssen nach dem obigen Theorem zur x-Achse symmetrisch liegen, haben also die Form

$$z_1 = p + iq \quad \text{und} \quad z_2 = p - iq.$$

Unter Benutzung dieser Form können wir für Z schreiben

$$Z = \frac{a\left(z + \dfrac{b}{a}\right)}{c\left(z + \dfrac{d}{c}\right)} = \frac{a\,(z - (p + iq))}{c\,(z - (p - iq))}.$$

Der letzte Ausdruck gibt alle Funktionen an, die eine Halbebene der z-Ebene in einen Kreis um $Z = 0$ überführen. Soll dieser Kreis der Einheitskreis sein, so muß ein Punkt der x-Achse in einen Punkt des Kreises $|Z| = 1$ übergehen; wir wählen den Punkt $z = 0$. Es muß also sein

$$|Z| = \left|\frac{a}{c} \cdot \frac{p + iq}{p - iq}\right| = \left|\frac{a}{c}\right| = 1.$$

$\dfrac{a}{c}$ hat also die Gestalt $\dfrac{a}{c} = \cos \tau + i \sin \tau$. Unser Problem wird durch den Ausdruck gelöst

$$Z = (\cos \tau + i \sin \tau)\,\frac{z - (p + iq)}{z - (p - iq)}.$$

Entsprechend dem Umstande, daß drei Punkte bei der Abbildung willkürlich sind, sind in der Funktion die drei Konstanten p, q und τ. Als Beispiel wollen wir annehmen, es mögen die drei Punkte der z-Ebene

$$0 \quad 1 \quad \infty$$

in die Punkte der Z-Ebene

$$1 \quad +i \quad -1$$

übergehen. Es bestehen dann die Beziehungen

34 II. Die Darstellung der konformen Abbildung usw.

$$1 = (\cos \tau + i \sin \tau) \frac{p + iq}{p - iq}$$
$$i = (\cos \tau + i \sin \tau) \frac{1 - (p + iq)}{1 - (p - iq)}$$
$$-1 = \cos \tau + i \sin \tau.$$

Aus der letzten Gleichung folgt für die beiden ersten

$$-1 = \frac{p + iq}{p - iq} \quad \text{und} \quad -i = \frac{1 - (p + iq)}{1 - (p - iq)}.$$

Ohne Mühe folgt aus diesen beiden Gleichungen

$$p = 0 \qquad q = 1.$$

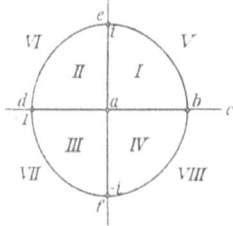 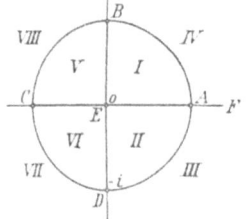

Fig. 19.

Unser Ergebnis lautet demnach

$$Z = \frac{i - z}{i + z}.$$

Wir geben noch eine Anzahl zusammengehöriger Punkte an

$$z = \quad -1, \quad +i, \quad -i,$$
$$Z = \quad -i, \quad 0, \quad +\infty.$$

Der Einheitskreis der z-Ebene geht in die Y-Achse der Z-Ebene über. Zeichnet man diesen Kreis ein, so werden die z- und die Z-Ebene in acht Felder eingeteilt, die sich gegenseitig entsprechen. Zusammengehörige Teile sind mit gleichen Buchstaben bezeichnet. Der Leser prüfe die Einteilung nach. Da der Punkt $z = -i$ dem Punkt $Z = \infty$ entspricht, so müssen die Felder in der z-Ebene, die diesen Punkt enthalten, sich in der Z-Ebene ins Unendliche erstrecken. Ferner bedenke man, daß die Felder 1—4 der z-Ebene innerhalb des Einheitskreises der Z-Ebene fallen müssen (Fig. 19).

b) Will man die zuletzt besprochene Abbildung zeichnerisch ausführen, so kann man so vorgehen. Es sei ein Punkt

p der z-Ebene abzubilden. Wir verbinden (Fig 20) p mit den Punkten $z = -1$ und $z = +1$, die in der Figur d und b genannt sind. Diese Geraden sind Kreise, die den unendlichfernen Punkt der z-Ebene enthalten. Da der unendlich-

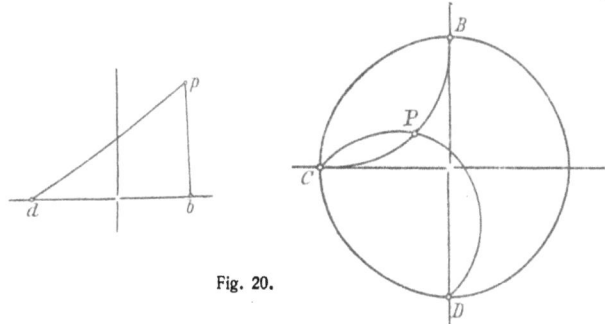

Fig. 20.

ferne Punkt der z-Ebene in den Punkt C der Z-Ebene übergeht, so bilden sich die Geraden in Kreise durch D und C bzw. B und C ab, da entsprechende Punkte mit gleichen Buchstaben bezeichnet sind. Wegen der Konformität der

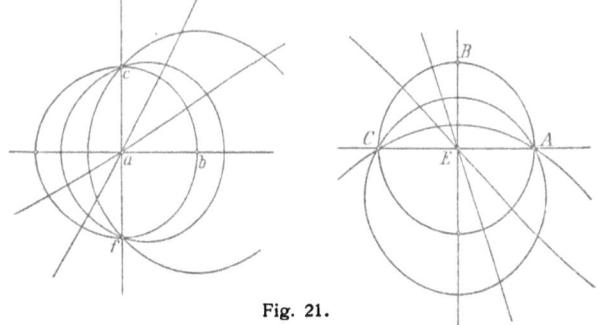

Fig. 21.

Abbildung müssen die Winkel, die diese Kreise mit dem Einheitskreis der Z-Ebene bilden, nach Größe und Richtung dieselben sein, die die Geraden mit der x-Achse der z-Ebene bilden. Die Konstruktion liefert den Punkt P. Die Kreise durch P schneiden sich unter denselben Winkeln wie die Geraden pb und pd. Mühelos kann man in der Figur noch weitere entsprechende Punkte ermitteln.

36 II. Die Darstellung der konformen Abbildung usw.

c) Handelt es sich um die konforme Abbildung einer Figur der z-Ebene, die nicht von Geraden und Kreisen begrenzt ist, so überzieht man die Ebenen mit zwei sich entsprechenden Netzen. Sind die Maschen der Netze hinreichend klein, so kann man die Abbildung mit großer Genauigkeit vornehmen. Die Auswahl des Netzes erfordert einiges Geschick. Als Beispiel ist in der Fig. 21 ein Kreisbüschel durch die Punkte e und f und ein Geradenbüschel durch a gewählt. Die Kreisschar geht in ein Geradenbüschel durch E und die Geradenschar in ein Kreisbüschel durch A und C über.

d) Sollen drei beliebige Punkte a, b und c in drei Punkte A, B und C übergehn, so zeichnet man zunächst die Kreise durch die drei Punkte. Sie entsprechen sich gegenseitig. Die Netzbildung ist wieder in weitem Maße willkürlich. Man könnte eine Kreisschar durch die Punkte a und b und eine zweite durch die Punkte b und c

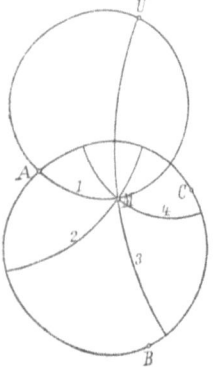
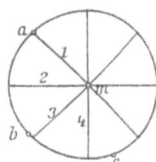

Fig. 22.

legen. Die Abbildung dieser Kreisscharen liefert in der Z-Ebene eine Kreisschar durch A und B und eine zweite durch B und C. In der Fig. 22 ist ein anderes Verfahren eingeschlagen. Durch m, den Mittelpunkt des Kreises durch a, b und c ist ein Geradenbüschel gelegt, dessen Geraden gleiche Winkel miteinander bilden. Diese Geraden laufen durch den uneigentlichen Punkt der z-Ebene. Den Punkt der Z-Ebene, der diesem uneigentlichen Punkt entspricht, finde ich dadurch, daß ich die Geraden ab und ac abbilde.[1] U sei der erhaltene Punkt. Konstruiere ich den zu U konjugiert gelegenen Punkt M in bezug auf den Kreis durch A, B und C, so erhalte ich nach dem Theorem auf S. 32 den m entsprechenden Punkt. Die Bilder der Geraden durch m laufen durch M und U. Der Kreis durch A, M und U entspricht der Geraden 1. Bei der Konstruktion der anderen Kreise für 2—4 ist die Tatsache benutzt, daß die

---

[1] Nicht eingezeichnet.

Weitere Anwendungen 37

Schnittwinkel in M dieselben wie in m sein müssen. Als zweites Liniensystem für das Netz in der z-Ebene kann man konzentrische Kreise um m legen. Da diese Kreise die Geraden durch m rechtwinklig schneiden, so muß das Netz der Z-Ebene ebenfalls rechtwinklige Schnittwinkel zeigen. Um

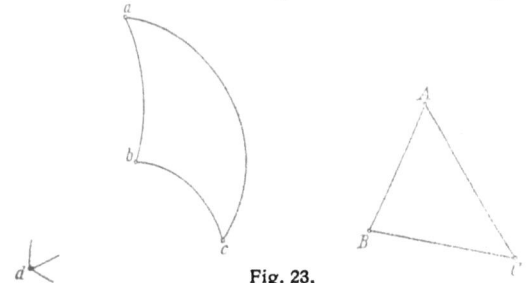

Fig. 23.

die Figur nicht zu überladen, ist die letzterwähnte Kreisschar nicht eingezeichnet. Zweckmäßig ist es immer, entsprechende Linien mit gleichen Buchstaben oder Zahlen zu versehen, um die Abbildung bequem zu übersehen.

e) Im Anschluß an die letzte Abbildung wollen wir noch zwei weitere Abbildungen skizzieren. In der Fig. 23 sei abc ein Kreisbogendreieck, dessen Kreisbogen sich in d schneiden. Der Punkt d werde ins Unendliche abgebildet, so daß

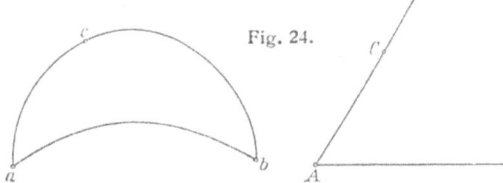

Fig. 24.

das Dreieck abc in das geradlinige Dreieck ABC übergeht. Die Schnittwinkel an den entsprechenden Ecken sind natürlich die gleichen. Als Netz wählt man zweckmäßig zwei Geradenscharen mit den Scheiteln in zwei Ecken des Dreiecks ABC. Diese Geraden gehen in Kreise durch die entsprechenden Punkte des Dreiecks abc und den Punkt d über.

In der Fig. 24 sei eine Sichel mit den Schnittpunkten a und b gegeben. Wird b ins Unendliche transformiert, so geht die Sichel in zwei schneidende Geraden, die denselben

38 II. Die Darstellung der konformen Abbildung usw.

Winkel bilden, über. Ferner können wir noch vorschreiben, worin ein Punkt c übergehen soll.

Als interessante Aufgabe bilde der Leser einen Halbkreis auf einen Quadranten ab.

16. Die allgemeine lineare Transformation in kinematischer Betrachtung. Bei der linearen ganzen Funktion $Z = az + b$ hatten wir einen Fixpunkt bestimmen können. Ähnlich können wir bei der allgemeinen linearen Transformation, wenn wir diese als Abbildung einer Ebene in sich auffassen, nach den Punkten fragen, die ihre Lage beibehalten. Diese müssen die Gleichung

$$z = \frac{az+b}{cz+d} \quad \text{oder} \quad cz^2 + z(d-a) - b = 0$$

erfüllen. Da die Gleichung quadratisch ist, hat sie im allgemeinen zwei Lösungen, es gibt also zwei Fixpunkte; sie seien A und B. Legen wir durch A und B eine Kreisschar K und senkrecht hierzu eine zweite Kreisschar K', so treten bei der Transformation mehrere Fälle ein:

a) Jeder Kreis der Schar K geht in sich selbst über. Ein Punkt auf einem bestimmten Kreise von K liegt also nach der Abbildung wieder auf demselben Kreise. Kinematisch betrachtet haben sich alle Punkte auf den Kreisen K bewegt. Diese Kreise sind also die Bahnkurven der Transformation. Die Abbildung selbst heißt in diesem Falle hyperbolisch.

b) Jeder Kreis der Schar K' geht in sich selbst über. Diese Kreise sind jetzt Bahnkurven. Die Transformation heißt elliptisch.

c) Im allgemeinen Falle werden natürlich weder die Kreise K noch die Kreise K' einzeln in sich übergehen. Man nennt die Transformation dann loxodromisch. Näheres findet sich in den Lehrbüchern der Funktionentheorie, etwa von Osgood Hurwitz-Courant oder Bieberbach.

17. Allgemeine Erörterungen über Funktionen zweier Veränderlicher. Zum Verständnis der nachfolgenden Entwicklungen ist die Kenntnis der Differentialrechnung erforderlich etwa in dem Umfang, wie sie in Witting, Einf. in die Inf.-Rech. I[1]) gegeben ist. Wir haben nur nötig, diese Betrachtungen zu ergänzen.

---

1) Math.-phys. Bibl. Bd. 9 u. 41.

Kinematische Betrachtung, Funktionen zweier Veränderlicher 39

Es sei $w = g(u, v)$ eine Funktion, die von zwei Veränderlichen u und v abhängt. Anschaulich kann man sich eine solche Funktion so vorstellen, daß man in jedem Punkte einer (uv)-Ebene eine Senkrechte errichtet und den zugehörigen Wert w — positiv über und negativ unter der Ebene — abträgt. Man erhält so eine Fläche über der (uv)-Ebene. Man denke an einen Berg.

Halten wir in der Funktion $w = g(u, v)$ einmal u und ein andermal v konstant, so erhalten wir zwei Funktionen einer Veränderlichen. Entsprechend können wir zwei Differentialquotienten erster Ordnung betrachten. Halten wir v konstant, so schreiben wir für den entstehenden Differentialquotienten $\frac{\partial w}{\partial u}$. Im andern Falle schreiben wir $\frac{\partial w}{\partial v}$. Diese beiden Ausdrücke nennt man partielle Differentialquotienten erster Ordnung. Im allgemeinen sind es wieder Funktionen von u und v, von denen wir abermals Differentialquotienten bilden können. Halten wir in $\frac{\partial w}{\partial u}$ v konstant, so erhalten wir einen Ausdruck, für den wir $\frac{\partial^2 w}{\partial u^2}$ setzen, lassen wir in $\frac{\partial w}{\partial u}$ u konstant, so gewinnen wir einen Ausdruck, für den wir $\frac{\partial^2 w}{\partial v \partial u}$ schreiben. Entsprechend ergeben sich die Differentialquotienten $\frac{\partial^2 w}{\partial u \partial v}$ und $\frac{\partial^2 w}{\partial v^2}$.

Die Funktion $w = g(u, v)$ liefert also vier partielle Differentialquotienten zweiter Ordnung.

An dem Beispiele $w = u^3 \sin v$ wollen wir die Verhältnisse noch einmal klarlegen. Es ergibt sich

$$\frac{\partial w}{\partial u} = 3u^2 \sin v \qquad \frac{\partial w}{\partial v} = u^3 \cos v$$

$$\frac{\partial^2 w}{\partial u^2} = 6u \cdot \sin v \qquad \frac{\partial^2 w}{\partial u \partial v} = 3u^2 \cdot \cos v$$

$$\frac{\partial^2 w}{\partial v \partial u} = 3u^2 \cos v \qquad \frac{\partial^2 w}{\partial v^2} = -u^3 \cdot \sin v.$$

Aus der Tatsache, daß in diesem Beispiel $\frac{\partial^2 w}{\partial v \partial u} = \frac{\partial^2 w}{\partial u \partial v}$ folge der Leser nicht vorschnell, daß dies allgemein der Fall ist.

II. Die Darstellung der konformen Abbildung usw.

18. Allgemeine Erörterungen über die komplexen Funktionen. In den letzten Paragraphen haben wir die linearen Funktionen ohne Anspruch auf Vollständigkeit besprochen. Wir wollen nun allgemein fragen, wann eine Funktion von z eine konforme Abbildung vermittelt.

In einem Gebiet der z-Ebene ordnen wir jedem Punkte z einen Punkt Z der Z-Ebene zu. Diese Zuordnung wird meistens mittels algebraischer Beziehungen erfolgen. Wir schreiben
$$Z = f(z).$$
Natürlich können wir nicht erwarten, daß eine solch allgemeine Funktion eine konforme Abbildung bewirkt. Zweifellos müssen wir der Funktion noch Bedingungen auferlegen. Der Realteil von $f(z)$ sei X, der Imaginärteil Y, so daß wir schreiben können
$$f(z) = X + iY.$$
In der z-Ebene fassen wir zwei Punkte z und z_1 ins Auge. In diesen beiden Punkten möge $f(z)$ zwei bestimmte Werte haben. Wir bilden den Ausdruck
$$\frac{f(z_1) - f(z)}{z_1 - z}.$$
Der Punkt z_1 möge sich auf einem beliebigen Wege zum Punkte z bewegen. Der vorstehende Differenzenquotient wird dann einen bestimmten Grenzwert haben, und dieser wird durchaus von dem Wege des Punktes z_1 abhängen. Hat $f(z)$ z. B. die Form $f(z) = x$, verschwindet also der Imaginärteil, so ist der Grenzwert, wenn wir längs der x-Achse marschieren, 1, während sich längs der y-Achse 0 ergibt. Ist der Grenzwert des Differenzenquotienten vom Wege unabhängig, so wollen wir die Funktion schlechtweg „differenzierbar" nennen und den gewonnenen Ausdruck den Differentialquotienten der Funktion $f(z)$ an der Stelle z. Einmal wollen wir den Grenzübergang längs der x-Achse vornehmen. Wir erhalten
$$\frac{\partial f}{\partial x} = \frac{\partial (X + iY)}{\partial x} = \frac{\partial X}{\partial x} + i \frac{\partial Y}{\partial x}.$$
Längs der y-Achse ergibt sich der Ausdruck
$$\frac{\partial f}{i \partial y} = \frac{1}{i} \left(\frac{\partial X}{\partial y} + \frac{i \partial Y}{\partial y} \right).$$
Die geforderte Übereinstimmung gibt

Komplexe Funktionen

$$\frac{\partial X}{\partial x} + i\frac{\partial Y}{\partial x} = \frac{1}{i}\left(\frac{\partial X}{\partial y} + \frac{i\partial Y}{\partial y}\right) = -i\frac{\partial X}{\partial y} + \frac{\partial Y}{\partial y}.$$

Da in einer Gleichung mit komplexen Gliedern die Realteile und die Imaginärteile der beiden Seiten gleich sein müssen, so folgt hieraus

$$\frac{\partial X}{\partial x} = \frac{\partial Y}{\partial y} \quad \text{und} \quad \frac{\partial X}{\partial y} = -\frac{\partial Y}{\partial x}.$$

Diese beiden Beziehungen, die zwischen den Differentialquotienten von X und Y bestehen müssen, heißen die Cauchy-Riemannschen Differentialgleichungen. Sie sind für die Mathematik von weittragendster Bedeutung. Das Bestehen der genannten Differentialgleichungen ist also eine notwendige Folge der Differenzierbarkeit. Umgekehrt zieht aber auch das Bestehen der Cauchy-Riemannschen Differentialgleichungen die Differenzierbarkeit der Funktion $f(z)$ nach sich. Leider übersteigt der Beweis die hier vorausgesetzten Vorkenntnisse.

Eine Funktion der komplexen Veränderlichen z, die den Cauchy-Rie-

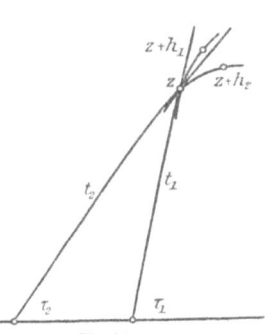

Fig. 25.

mannschen Differentialgleichungen genügt, heißt eine **analytische** Funktion.

Die analytischen Funktionen werden es nun gerade sein, welche konforme Abbildungen vermitteln.

Betrachten wir in der z-Ebene (Fig. 25) zwei Kurven c_1 und c_2, die sich im Punkte z schneiden. Die entsprechenden Tangenten in z seien t_1 und t_2, ihre Winkel mit der x-Achse τ_1 und $\tau_2 \cdot \delta = \tau_1 - \tau_2$ ist also der Schnittwinkel der Tangenten. Sind $z + h_1$ und $z + h_2$ zwei Punkte auf c_1 bzw. c_2, so ist

$$\lim \frac{f(z+h_1)-f(z)}{h_1} = f'(z) \quad \text{und} \quad \lim \frac{f(z+h_2)-f(z)}{h_2} = f'(z),$$

wenn wir die Ableitung von $f(z)$ genau wie im Reellen mit $f'(z)$ bezeichnen. Wenn h_1 und h_2 von gleichem absoluten Betrage r, also von der Form $h_1 = r(\cos\varphi_1 + i\sin\varphi_1)$ und $h_2 = r(\cos\varphi_2 + i\sin\varphi_2)$ sind, so ergibt sich

42 II. Die Darstellung der konformen Abbildung usw.

$$\lim \frac{f(z+h_1)-f(z)}{f(z+h_2)-f(z)} \cdot \frac{h_2}{h_1} = 1$$

oder $\quad \lim \dfrac{f(z+h_1)-f(z)}{f(z+h_2)-f(z)} = \dfrac{h_1}{h_2} = \cos \delta + i \sin \delta.$

Hierbei haben wir ausdrücklich vorausgesetzt, $f'(z) \neq 0 \neq \infty$, sonst würde der Wert des Quotienten statt 1 unbestimmt werden. Die komplexen Zahlen

$$f(z+h_1)-f(z) \quad \text{und} \quad f(z+h_2)-f(z)$$

schreiben wir in der Form

$$\varrho_1(\cos \varkappa_1 + i \sin \varkappa_1) \quad \text{und} \quad \varrho_2(\cos \varkappa_2 + i \sin \varkappa_2),$$

wo ϱ_1 und ϱ_2 die absoluten Beträge und $\varkappa_1$ und $\varkappa_2$ die Argumente sind. Hieraus folgt

$$\lim \frac{f(z+h_1)-f(z)}{f(z+h_2)-f(z)} = \frac{\varrho_1}{\varrho_2} [\cos (\varkappa_1 - \varkappa_2) + i \sin (\varkappa_1 - \varkappa_2)].$$

Da wir aber schon gesehen hatten, daß der absolute Betrag der rechten Seite 1 ist, so folgt daraus

$$\lim \frac{\varrho_1}{\varrho_2} = 1$$

und $\quad \cos (\varkappa_1 - \varkappa_2) + i \sin (\varkappa_1 - \varkappa_2) = \cos \delta + i \sin \delta.$

Die letztere Gleichung besagt aber

$$\delta = \varkappa_1 - \varkappa_2.$$

$\varkappa_1 - \varkappa_2$ ist der Winkel, unter dem sich die Bildkurven C_1 und C_2 von c_1 und c_2 schneiden. Wir erhalten also das fundamentale Ergebnis:

Die Abbildung, die eine analytische Funktion bewirkt, ist konform mit Erhaltung des Drehsinnes der Schnittwinkel.

Wir schließen unsere Betrachtungen durch eine Bemerkung ab. Einer kleinen Strecken h, die von Z ausgeht, entspricht die Strecke $f(z+h)-f(z)$. Das Vergrößerungsverhältnis dieser beiden Strecken ist $\left|\dfrac{f(z+h)-f(z)}{h}\right|$. Beim Übergang zur Grenze $h = 0$ wird dieser Wert $|f'(z)|$. Das Vergrößerungsverhältnis ist also von der Richtung der kleinen Strecke unabhängig und hängt nur von dem Punkte z ab.

Analytische Funktionen; $Z = z^2$ 43

Daraus folgt, daß hinreichend kleine Figuren der z-Ebene in ähnliche Figuren der Z-Ebene übergehen. Der arc $f'(z)$ gibt an, um welchen Winkel h gedreht werden muß, um in $f(z + h) - f(z)$ überzugehen.

Der Leser überzeuge sich an den nachfolgenden Beispielen, daß die Umkehrung der analytischen Funktion $f(z)$ wiederum eine analytische Funktion ergibt.

19. Die Funktion $Z = z^2$. Wir untersuchen jetzt die Abbildung, die die Funktion
$$Z = z^2$$
bewirkt. Die Zerlegung in Realteil und Imaginärteil liefert
$$X = x^2 - y^2 \quad \text{und} \quad Y = 2x \cdot y.$$
Der Leser beweise das Bestehen der Cauchy-Riemannschen Differentialgleichungen. Die Abbildung ist somit konform mit Ausnahme des Nullpunktes. Hier wird der Wert der Ableitung $2z$ gleich 0. Im Unendlichen wird die Ableitung unendlich. Wir können also auch hier nichts über die Abbildung aussagen.

Sehr leicht übersieht man die Abbildung, wenn man Polarkoordinaten einführt. Sind diese in der z-Ebene r und φ und in der Z-Ebene ϱ und ϑ, so ergibt sich nach unseren Multiplikationsgesetzen
$$\varrho = r^2 \quad \text{und} \quad \vartheta = 2\varphi.$$
Wandert ein Punkt z auf einem Kreise mit dem Radius r um den Nullpunkt der z-Ebene, so bewegt sich der zugeordnete Punkt Z auf einem Kreise um den Nullpunkt der Z-Ebene mit dem Halbmesser r^2. Ist das Argument des Punktes z $\frac{\pi}{2}$, so ist das von Z π. Hat z einen halben Umlauf beendet, so hat Z bereits den ganzen Kreis durchlaufen. Beim weiteren Umlauf des Punktes z durcheilt Z seinen Kreis von neuem. Jedem Wert Z entsprechen also zwei Werte z.

20. Einfaches Beispiel einer Riemannschen Fläche. Um die mit der Mehrdeutigkeit der Funktion $Z = z^2$ verbundenen Schwierigkeiten besser übersehen zu können, verfahren wir nach Riemann folgendermaßen. Wir denken uns die Z-Ebene aus zwei übereinanderliegenden Blättern bestehend. Bei dem Umlauf des Punktes z der Nr. 19 auf dem oberen

44   II. Die Darstellung der konformen Abbildung usw.

Halbkreis der z-Ebene lassen wir Q auf dem unteren Blatt der Z-Ebene wandern. Ist P auf der negativen Abszissenachse angelangt, so lassen wir den Punkt Q auf das obere Blatt treten und auf diesem weiter laufen, wenn P sich nun auf dem unteren Halbkreis der z-Ebene bewegt Fig. 26. Erreicht P wieder die positive Abszissenachse, so geht Q auf das untere Blatt zurück. Um die Schwierigkeit der Vorstellung der gegenseitigen Durchdringung der beiden Blätter zu vermindern, kann man sich nach dem Vorschlage von Prof. Hellinger die beiden Blätter durchhäkelt denken. Statt längs der x-Achse können wir die Durchdringung längs irgendeiner Linie von 0 bis ins Unendliche vornehmen. Der Nullpunkt der Z-Ebene wird als Windungspunkt oder Verzweigungpunkt bezeichnet. Die beschriebene zweiblättrige Fläche stellt die einfachste Form einer Riemannschen Fläche dar. Durch die Einführung dieser Fläche haben wir erreicht, daß $Z = z^2$ eine umkehrbar eindeutige Funktion wird.

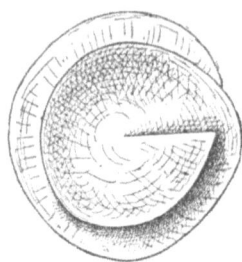

Fig. 26.[1)]

21. Aufgaben zur Funktion $Z = z^2$. Mittels der Darstellung durch Polarkoordinaten sehen wir, daß wir den Bereich eines Winkels auf den doppelten Winkel abbilden können und umgekehrt. So läßt sich der rechte Winkel auf die Halbebene und die Halbebene auf die ganze Ebene abbilden. Ziehen wir noch die linearen Funktionen hinzu, so können wir folgende Aufgaben lösen:

1. Einen rechten Winkel auf das Innere eines Einheitskreises abbilden. Man faßt den rechten Winkel als den ersten Quadranten auf und bildet ihn mittels der Funktion $Z = z^2$ auf eine Halbebene ab. Die Abbildung einer Halbebene auf den Einheitskreis haben wir in Nr. 15 behandelt. Sie kann z. B. durch die Funktion $\zeta = \dfrac{i - Z}{i + Z}$ vorgenommen werden. Durch Zusammensetzung der beiden Funktionen erhalten wir als Funktion, die unsere Aufgabe löst,

$$\zeta = \frac{i - z^2}{i + z^2}.$$

Soll die Abbildung graphisch vorgenommen werden, so zeichnet man ein Netz, das aus Strahlen durch den Nullpunkt und aus

---

1) Aus Lewent, Konforme Abbildung.

konzentrischen Kreisen um den Nullpunkt besteht. Dieses Netz geht in ein Netz über, das aus Kreisen gebildet wird. Im allgemeinen wird jedoch eine beliebige Kreisschar keineswegs durch die Funktion $Z = z^2$ in eine Kreisschar übergeführt. Die Funktion $Z = z^2$ ist keine Kreisverwandtschaft.

2. Einen Halbkreis auf eine Halbebene abzubilden. Stehe der Halbkreis über dem Durchmesser $+1$ bis -1, so bildet $Z = \dfrac{1+z}{1-z}$ diesen auf einen rechten Winkel ab. $\zeta = Z^2$ bewirkt die Abbildung eines rechten Winkels auf die Halbebene. $\zeta = \left(\dfrac{1+z}{1-z}\right)^2$ ist die Funktion, welche die verlangte Abbildung bewirkt.

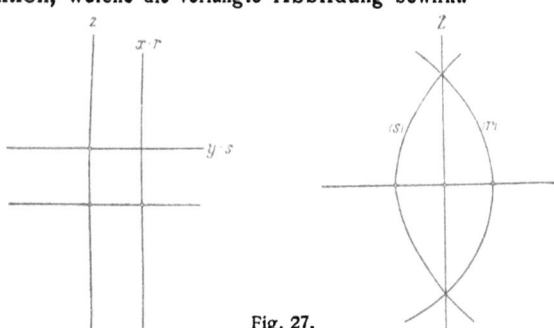

Fig. 27.

3. Einen Halbkreis auf das Innere des Einheitskreises abzubilden. Nach den beiden vorigen Aufgaben bietet sich keine Schwierigkeit.

4. Die ganze Ebene auf den Einheitskreis abzubilden. $\sqrt{z}$ bildet die längs der x-Achse aufgeschnittene Ebene auf eine Halbebene ab. $Z = \dfrac{i - \sqrt{z}}{i + \sqrt{z}}$ löst die Aufgabe.

5. Eine Sichel, deren Kreisbogen sich senkrecht schneiden, auf die obere Halbebene abzubilden. Man bilde zunächst auf einen rechten Winkel und dann auf die Halbebene ab.

6. Eine Sichel der vorgenannten Art auf den Einheitskreis abzubilden.

7. Eine Sichel auf eine andere Sichel mit doppeltem Schnittwinkel abzubilden. Man bildet die Sichel mittels einer linearen Funktion auf einen Winkel ab. Sodann führt man diesen Winkel mittels einer quadratischen Funktion in den doppelten Winkel über. Zum Schluß bewirkt eine lineare Funktion die Lösung der Aufgabe.

Umgekehrt können wir auch fragen, worin die Geraden $x = r$ und $y = s$ der z-Ebene übergehen. Durch Elimination finden wir die Gleichungen

$$Y^2 = 4r^2(r^2 - x) \quad \text{und} \quad Y^2 = 4s^2(X + s^2).$$

46 II. Die Darstellung der konformen Abbildung usw.

Durch die erste Gleichung wird eine Parabel dargestellt, deren Brennpunkt im Nullpunkt und deren Scheitel auf der positiven X-Achse liegt. Die Parabel öffnet sich also nach links. Die zweite Gleichung stellt eine Parabel dar, deren Brennpunkt auch im Mittelpunkte, deren Scheitel aber auf der negativen X-Achse liegt. Diese Parabel öffnet sich also nach rechts. Veränderlichen Werten von r und s entsprechen Parabelscharen (Fig. 27).

8. Den Raum zwischen zwei Parabeln mit gleichem Brennpunkte und gleicher Achse auf einen Parallelstreifen abzubilden.

9. Den Raum der vorgenannten Parabeln auf eine Kreissichel abzubilden, deren Kreise sich berühren.

22. Weitere Betrachtung der Funktion $Z = z^2$. Wir wollen unsere Funktion $Z = z^2$ noch unter Benutzung rechtwinkliger Koordinaten betrachten. In Nr. 19 hatten wir die Darstellung

$$X = x^2 - y^2 \quad \text{und} \quad Y = 2x \cdot y$$

gefunden. In der Z-Ebene können wir die Linien $X = c$ und $Y = d$ zeichnen und fragen, welche Linien der z-Ebene diesen Geraden entsprechen. $x^2 - y^2 = c$ gibt nach den Lehren der analytischen Geometrie eine gleichseitige Hyperbel mit den Achsen $\sqrt{c}$ an. Die Brennpunkte liegen auf der x-Achse, falls c positiv ist, und auf der y-Achse, falls c negativ ist. Die Winkelhalbierenden der Koordinatenachsen sind die Asymptoten dieser Hyperbeln. $2xy = d$ stellt eine gleichseitige Hyperbel mit den Koordinatenachsen als Asymptoten dar. Ist d positiv, so liegen die Äste im ersten und dritten Quadranten, ist d negativ, so liegen die Äste im zweiten und vierten Quadranten. Verändern wir c und d, so erhalten wir zwei Hyperbelscharen, die sich rechtwinklig schneiden, da die Geraden $X = c$ und $Y = d$ sich rechtwinklig schneiden, Fig. 28. Im Nullpunkte schneiden sich die Hyperbeläste unter 45^0. Hier ist also die Konformität aufgehoben.

23. Weitere Aufgaben zur Funktion $Z = z^2$. Der Raum zwischen zwei Hyperbelästen der rechten Halbebene, die durch die Werte c_1 und c_2 gekennzeichnet sind, geht in einen Parallelstreifen über. Aber auch der Raum zwischen den entsprechenden linken Ästen geht in denselben Parallelstreifen über, allerdings liegt er im anderen Blatt der Riemannschen Fläche. Der Raum innerhalb eines Hyperbelastes wird auf eine Halbebene abgebildet.

$$Z = z^2;\ Z = z^n$$

Unter Heranziehung von linearen Funktionen können wir folgende Aufgaben lösen:

1. Den Raum zwischen zwei gleichseitigen Hyperbeln, deren Brennpunkte auf einer Achse liegen, auf eine Sichel abzubilden, deren Kreise sich berühren. Zur Zeichnung des Netzes schalten wir zwischen die beiden Hyperbeln, die den Werten c_1 und c_2 entsprechen mögen, weitere Hyperbeln ein. Ebenso zeichnen wir einige Hyperbeln der Schar d. Dieses Netz geht in ein Netz über, das durch den Schnitt von zwei Kreisscharen zustande kommt.

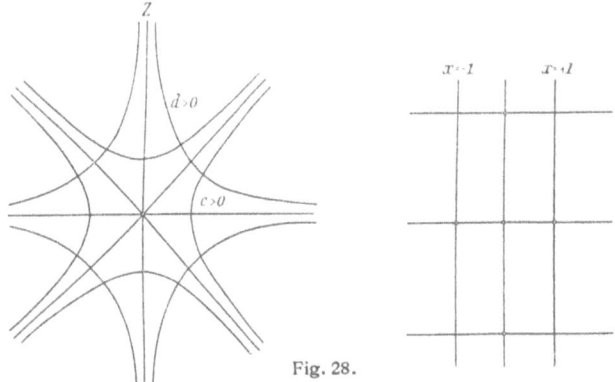

Fig. 28.

2. Das Innere einer gleichseitigen Hyperbel auf das Innere eines Kreises abzubilden.
3. Das Innere einer gleichseitigen Hyperbel auf einen rechten Winkel abzubilden.
4. Das Innere einer gleichseitigen Hyperbel auf einen Halbkreis abzubilden.
5. Das Innere einer gleichseitigen Hyperbel auf eine Kreissichel abzubilden, deren Bogen sich unter rechten Winkeln schneiden.

24. Die Funktion $Z = z^n$. Wir besprechen nun die Funktion $Z = z^n$, wo n eine ganze positive Zahl bedeutet. Die Ableitung ergibt $Z' = n \cdot z^{n-1}$. Sie existiert also überall, verschwindet im Nullpunkt und wird im Unendlichen unendlich. Abgesehen von diesen beiden Punkten ist die Abbildung überall konform. Um sie besser zu übersehen, führen wir Polarkoordinaten ein. Wir setzen

$$|Z| = \varrho,\quad \operatorname{arc} Z = \vartheta,\quad |z| = r,\quad \operatorname{arc} z = \varphi$$

und erhalten $\quad \varrho = r^n,\quad \vartheta = n\,\varphi.$

Ein Winkelraum zwischen den Strahlen $\varphi = 0$ und $\varphi = \varphi_1$ wird auf den n fachen Winkel abgebildet. Zwei Kurven der z-Ebene, die sich im Nullpunkte unter einem gewissen Winkel schneiden, schneiden sich in der w-Ebene unter dem n fachen Winkel. Ein Winkel der Größe $\frac{2\pi}{n}$ wird auf die volle w-Ebene abgebildet. Um die ganze z-Ebene abzubilden, wenden wir eine n blättrige Riemannsche Fläche an. Teilen wir die z-Ebene vom Nullpunkte aus in n gleiche Sektoren, so wird jeder Sektor auf ein Blatt der w-Ebene abgebildet. Den Rand des ersten Blattes verbinden wir mit dem Rande des letzten Blattes, so daß die übrigen Blätter durchdrungen werden. $w = 0$ stellt einen Verzweigungspunkt $(n-1)$ter Ordnung dar. Hier hängen die Zweige der Funktion derart zusammen, daß man durch Umlaufen der Stelle $w = 0$ von einem Zweig zum anderen kommen kann. Der entsprechende Punkt der z-Ebene wird Kreuzungspunkt genannt.

25. Aufgabe zur Funktion $Z = z^n$.

Durch Zusammensetzung mit einer linearen Funktion können wir folgende Aufgabe lösen.

Ein Kreisbogenzweieck mit den Ecken a und b und dem Winkel $\frac{\pi}{n}$ soll auf einen Einheitskreis abgebildet werden.

Die Funktion $Z_1 = \dfrac{z-a}{z-b}$ bildet das Kreisbogenzweieck auf einen Winkel $\frac{\pi}{n}$ ab. Durch Multiplikation mit einer komplexen Konstanten kann man erreichen, daß der eine Schenkel mit der reellen Achse zusammenfällt. Wir wollen von diesem Faktor absehen. Die Funktion $Z_2 = \left(\dfrac{z-a}{z-b}\right)^n$ bildet die ursprüngliche Sichel auf die obere Halbebene ab. Diese Halbebene möge so in den Einheitskreis überführt werden, daß die Punkte $w = 0; 1; \infty$ in die Punkte $w = 1; +i; -1$ übergehen. Nach Seite 34 wird unser Problem durch die Funktion

$$Z = \frac{i - \left(\dfrac{z-a}{z-b}\right)^n}{i + \left(\dfrac{z-a}{z-b}\right)^n} \quad \text{gelöst.}$$

Soll die Abbildung graphisch gelöst werden, so ist die Kenntnis dieser Funktion ganz überflüssig. Man überzieht

$$Z = z^n;\ Z = \tfrac{1}{2}(z + \tfrac{1}{z})$$ 49

die Kreissichel mit einem Netz, das aus Kreisen durch die Punkte a und b und den dazu senkrechten Kreisen besteht. Diese speziellen Kreisscharen gehen wieder in Kreise über.

26. Die Funktion $Z = \frac{1}{2}\left(z + \frac{1}{z}\right)$. Als Beispiel einer rational gebrochenen Funktion betrachten wir die Funktion $Z = \frac{1}{2}\left(z + \frac{1}{z}\right)$. Die Ableitung hat den Wert $Z' = \frac{1}{2}\left(z + \frac{1}{z^2}\right)$. Die Abbildung ist überall winkeltreu mit Ausnahme der Punkte $+1$ und -1. Für zwei Werte z und $\frac{1}{z}$ nimmt die Funktion

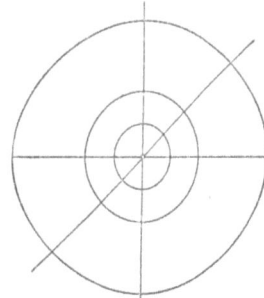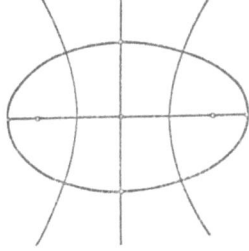

Fig. 29.

gleiche Werte an. Erinnern wir uns der Zerlegung der Funktion $\frac{1}{z}$ in Realteil und Imaginärteil, so ergibt sich für unsere Funktion

$$Z = X + iY = \tfrac{1}{2}\left(r + \tfrac{1}{r}\right) \cos \varphi + i \tfrac{1}{2}\left(r - \tfrac{1}{r}\right) \sin \varphi.$$

Aus der Tatsache, daß man die Koordinaten einer Ellipse mit den Achsen $2a$ und $2b$ durch die Formeln

$$x = a \cdot \cos \varphi \quad \text{und} \quad y = b \cdot \sin \varphi$$

darstellen kann, folgt, daß ein Kreis mit dem Radius r um $z = 0$ in eine Ellipse mit den Achsen

$$r + \tfrac{1}{r} \quad \text{und} \quad r - \tfrac{1}{r}$$

übergeht (Fig. 29). Die Exzentrizität e dieser Ellipse beträgt

$$e = \sqrt{\tfrac{1}{4}\left(r + \tfrac{1}{r}\right)^2 - \tfrac{1}{4}\left(r - \tfrac{1}{r}\right)^2} = 1.$$

II. Die Darstellung der konformen Abbildung usw.

Daraus ergibt sich, daß alle Kreise um $z = 0$ in konfokale Ellipsen übergehen. Für den Einheitskreis ist $r = 1$. Er geht in die Kurve mit den Koordinaten

$$X = 1 . \cos \varphi \quad \text{und} \quad Y = 0 . \sin \varphi$$

über, mit anderen Worten, in die doppelt überdeckte Strecke von -1 bis $+1$. Zwei Kreise um $z = 0$ mit den Halbmessern r und $\frac{1}{r}$, die also invers zum Einheitskreis liegen, gehen in dieselbe Ellipse über. Sowohl das Innere wie das Äußere des Einheitskreises geht in die ganze w-Ebene über.

Um die Umkehrungsfunktion $z = Z + \sqrt{Z^2 - 1}$ eindeutig zu gestalten, überdecken wir die Z-Ebene mit zwei Blättern. Das eine Blatt enthält die z-Werte, die aus dem Inneren des Einheitskreises herrühren, während das andere Blatt den Werten außerhalb des Einheitskreises zugeordnet ist. Da wir beim Überschreiten des Einheitskreises der z-Ebene von außen nach innen kommen, so müssen die Blätter längs des Bildes des Einheitskreises zusammenhängen. Wir zerschneiden deshalb die beiden Blätter längs der Strecke von -1 bis $+1$ und heften sie kreuzweise aneinander. Die Punkte $w = +1$ und $w = -1$ sind Windungspunkte der R. Fl.

Die Geraden $\varphi = \text{const.}$ gehen in die Hyperbeln

$$\frac{X^2}{\cos^2 \varphi} - \frac{Z^2}{\cos^2 \varphi} = 1$$

über. Ihre Achsen sind $\cos \varphi$ und $\sin \varphi$; die Exzentrizität ist 1. Wir erhalten somit den Satz:

Eine Ellipsenschar und eine Hyperbelschar mit gleichen Brennpunkten stehen aufeinander senkrecht.

27. Abbildung von Ellipsen und Hyperbeln. Die Erörterungen des vorigen Paragraphen geben uns die Mittel an die Hand, Ellipsen- und Hyperbelflächen abzubilden.

Das Äußere einer Ellipse kann man sehr leicht, da es keine Windungspunkte enthält, auf das Innere oder Äußere eines Kreises abbilden.

Das Gebiet zwischen den Ästen ein und derselben Hyperbel wird durch unsere Funktion auf ein Zweieck abgebildet, da die Äste in zwei Geraden φ und $\pi - \varphi$ übergehen.

Etwas schwieriger wird die Abbildung, wenn das Innere der Ellipsen und Hyperbeln abgebildet werden soll. Wir

Anwendungen

wollen eine Ellipse längs der großen Achse aufschneiden und zunächst dieses Gebiet abbilden. Die Ellipse geht in einen Halbkreis und die Verbindungsstrecke der Brennpunkte in eine Hälfte des konzentrischen Einheitskreises über. Die Strecken der Ellipse, die die Brennpunkte mit dem Scheitel verbinden, werden in Geraden abgebildet. Je nachdem wir

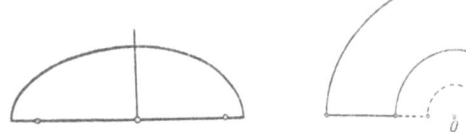

Fig. 30.

die Ellipse als im oberen oder unteren Blatt der R. Fl. liegend betrachten, liegt der Kreis, der dem Ellipsenbogen entspricht, innerhalb oder außerhalb des Einheitskreises. Die Abbildung ist durch die Fig. 30 gekennzeichnet.

Wir nehmen nun die untere Hälfte der Ellipse hinzu. Die Ellipsenfläche wird in zwei konzentrische Kreise, von denen der eine der Einheitskreis ist, abgebildet. Nach Willkür haben wir die Möglichkeit, eine Abbildung zu wählen, bei der der Einheitskreis äußerer oder innerer Rand ist. Fig. 31 erläutert die Abbildung.

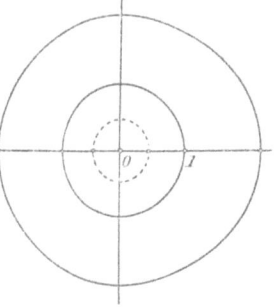

Fig. 31.

Verlegen wir die beiden Ellipsenhälften in verschiedene Blätter der R. Fl., so erhalten wir als Abbildung Bereiche, die von Halbkreisen und Strecken begrenzt sind. Die Halbkreise sind durch den Einheitskreis getrennt. Fig 30 kann die Abbildung veranschaulichen.

Der Leser führe die entsprechenden Betrachtungen für die Hyperbel durch.

28. Anwendung der konformen Abbildung. Wir wollen jetzt eine praktische Anwendung der konformen Abbildung, die ebene stationäre inkompressible wirbelfreie Flüssigkeitsbewegung, betrachten. Sehen wir zunächst von der Wirbelfreiheit ab, so verstehen wir hierunter eine Bewegung, die zu jeder Zeit in parallelen Ebenen das gleiche Bild liefert und deren Teilchen keine Dichtigkeitsänderung erfahren. Zur Erklärung des Begriffes der Wirbelfreiheit betrachten wir ein einzelnes Teilchen, das wir mit einer festen Richtung versehen. Um eine feste Vorstellung zu haben, bestehe das Teilchen aus einem Korkstöpsel, durch das ein Streichholz gesteckt ist. Schwimmt der Stöpsel auf Wasser und bleiben die Lagen des Streichholzes immer parallel, so heißt die Bewegung wirbelfrei. Bewegen sich alle Flüssigkeitsteilchen in solcher Weise, so heißt die Gesamtbewegung wirbelfrei.

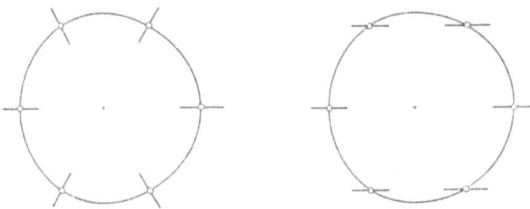

Fig. 32.

Der gewöhnliche Sprachgebrauch kann eine Flüssigkeitsbewegung als wirbelnd bezeichnen, während sie in unserem Sinne wirbelfrei ist. So ist durch die Fig. 32, in der sich die Teilchen um einen Punkt bewegen, links eine wirbelfreie und rechts eine wirbelnde Bewegung angedeutet.

Leider ist die Ableitung der Bewegungsgleichungen ohne höhere mathematische Hilfsmittel nicht möglich. Wir können hier nur die Ergebnisse der Ableitung angeben, hoffen aber, daß mancher Leser zu späterem Studium angeregt wird.

Setzen wir Real- und Imaginärteil einer komplexen Funktion gleich Konstanten

$$u(x, y) = c \quad \text{und} \quad v(x, y) = d$$

und geben wir c und d nacheinander verschiedene Werte, so erhalten wir zwei sich rechtwinklig schneidende Kurvenscharen, die die xy-Ebene oder Teile von ihr überdecken, und jede dieser Kurvenscharen kann als Stromlinienschar einer stationären ebenen wirbelfreien inkompressiblen Flüssigkeitsbewegung aufgefaßt werden.

Da die Bewegung stationär ist, können wir statt einzelner Stromlinien feste Wände setzen.

Beispiele: 1. Die Funktion $w = z^2$ liefert

$$u = x^2 - y^2 \quad \text{und} \quad v = xy.$$

$x \cdot y = d$ gibt eine Schar von Hyperbeln, die die Achsen als Asymptoten haben. Für $d = 0$ erhalten wir als Stromlinie die Achsen, die wir durch feste Wände ersetzen. Wir haben somit die Strömung innerhalb eines rechtwinklig gebogenen Knies erhalten. Das Stromlinienbild kann aus Fig. 27 ersehen werden.

2. Die Funktion $w = z^4$ liefert unter Benutzung von Polarkoordinaten

$$u = r^4 \cdot \cos 4\varphi \quad \text{und} \quad v = r^4 \cdot \sin 4\varphi.$$

Setzen wir $r^4 \cdot \sin 4\varphi = d$, so erhalten wir für $d = 0$

$$\varphi = 0 \quad \text{und} \quad \varphi = \frac{\pi}{4}.$$

Ersetzen wir die hierdurch festgelegten Stromlinien durch starre Wände, so haben wir die Strömung innerhalb eines Winkels von 45^0 erhalten.

Die Zeichnung gewisser Stromlinien geschieht am besten auf folgende Weise: Wir legen durch den Koordinatenanfang eine Gerade, die mit der x-Achse einen gewissen Winkel bildet. Für die verschiedenen Werte von d rechnen wir nach der Gleichung

$$r = \sqrt[4]{\frac{d}{\sin 4\varphi}}$$

die Werte von r aus, tragen die Punkte in die Zeichnung ein und schreiben den zugehörigen Wert von d an. Sodann wählen wir eine neue Gerade durch den Koordinatenanfang und bestimmen in derselben Weise eine Anzahl Punkte für verschiedene Werte von d. So fahren wir fort, bis wir genügend Punkte erhalten haben. Durch die Punkte mit gleichen Zahlen legen wir nach Augenmaß Kurven. Dieses sind dann die Stromlinien. In der Fig. 33 ist die Konstruktion angedeutet.

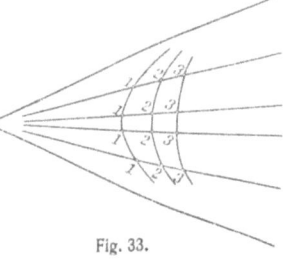

Fig. 33.

54 II. Die Darstellung der konformen Abbildung usw.

3. Die Funktion
$$w = \sqrt[3]{z^2} = z^{\frac{2}{3}} = r^{\frac{2}{3}}\left(\cos \frac{2}{3}\varphi + i \sin \frac{2}{3}\varphi\right)$$
liefert die Werte
$$u = r^{\frac{2}{3}} \cos \frac{2}{3}\varphi \quad \text{und} \quad v = r^{\frac{2}{3}} \sin \frac{2}{3}\varphi.$$
Da die Linien $\varphi = 0$ und $\varphi = \frac{3}{2}\pi$ in der Schar $v = \text{const.}$ ent-

Fig. 34. Fig. 35.

halten sind, gibt die Funktion eine Strömung um eine rechtwinklig gebogene Ecke, Fig. 34.

4. Der Leser zeige, daß die Funktion $w = \sqrt{z}$ eine Strömung um eine Halbgerade darstellt, Fig. 35. Die Konstruktion der Stromlinien in den beiden letzten Beispielen kann wie bei der Funktion $w = z^4$ erfolgen.

5. Ein wichtiges Beispiel ist die Funktion
$$w = \frac{1}{2}\left(z + \frac{1}{z}\right).$$
Die Spaltung in Real- und Imaginärteil liefert

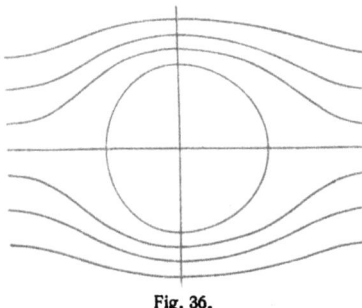

Fig. 36.

$$u = \frac{x}{2}\left(1 + \frac{1}{r^2}\right) \quad \text{und}$$
$$v = \frac{y}{2}\left(1 - \frac{1}{r^2}\right).$$

Die Linie $v = 0$ erfordert $r = 1$ und $y = 0$. $r = 1$ stellt einen Kreis um den Koordinatenanfang dar. Setzen wir statt des Kreises eine starre Wand, so haben wir die

Strömung um einen Kreiszylinder, Fig. 36. In sehr großen Entfernungen vom Punkte 0 wird der Einfluß des Gliedes $\frac{1}{r}$ sehr gering. Die Stromlinien nähern sich immer mehr Parallelen zur x-Achse.

29. Konforme Abbildung von Strömungsbildern.

Wenn wir ein schon gezeichnetes Stromlinienbild konform abbilden, so erhalten wir ein neues Stromlinienbild. Die Strömung kann jedoch einen ganz anderen Charakter haben. Kommt eine Strömung aus dem Unendlichen und wird der unendlichferne Punkt durch eine lineare Transformation ins Endliche transformiert, so entquillt die Strömung diesem Punkte, in dem eine Quelle vorliegt.

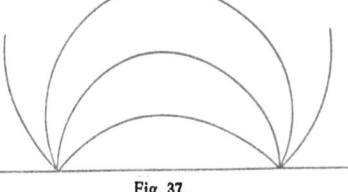

Fig. 37.

Befindet sich im Nullpunkt eine Quelle, so strömt die Flüssigkeit gleichmäßig nach allen Seiten ab, falls sich keine Hindernisse in den Weg stellen. Im Unendlichen befindet sich eine Senke. Wird dieses Strömungsbild einer beliebigen linearen Transformation unterworfen, so geht der unendlichferne Punkt in einen endlichen Punkt über. Die Strömung verläuft auf Kreisbahnen zwischen einer Quelle und einer Senke. Setzen wir in diesem Strömungsbild statt einzelner Stromlinien feste Wände, so erhalten wir interessante Strömungen. Setzen wir die feste Wand längs der Verbindungsstrecke der Quelle und der Senke, so ergibt sich Fig. 37.

Ebenso können wir einen beliebigen Kreis durch Quelle und Senke durch eine feste Wand ersetzen. Wir beherrschen somit auch die Strömung in einer kreisförmigen Platte, wenn Quelle und Senke auf dem Rande liegen. Ebenso übersehen wir die Strömung in einer Sichel, wenn Quelle und Senke in den Spitzen liegen.

Diese so gewonnenen Strömungsbilder kann man wiederum abbilden, um neue Strömungen zu erhalten. Bildet man die Fig. 37 mittels $\sqrt{z}$ in geeigneter Weise ab, so kann man Strömungen innerhalb eines Winkels erhalten, bei denen die

56   II. Die Darstellung der konformen Abbildung usw.

Quelle und die Senke auf den Schenkeln liegen. Zweckmässig wird man sich auf zwei verschiedenen Blättern die Netze von z und $\sqrt{z}$ in Polarkoordinaten zeichnen. Als Blatt der z-Ebene wählt man transparentes Papier. Legt man dieses Papier auf das Strömungsbild auf, so kann man leicht die Strömung in das Netz der $\sqrt{z}$-Ebene einzeichnen.

Rücken bei der Strömung Fig. 37 die Quelle und die Senke in einen Punkt zusammen, so werden die Strömungslinien Kreise, die die Begrenzungsgerade berühren. Unter Zugrundelegung dieses Strömungsbildes kann man wie im vorigen Beispiel weitere interessante Bilder konstruieren.

Weitere Beispiele finden sich in Grammel, Die hydrodynamischen Grundlagen des Fluges, Braunschweig 1917.

30. Die Funktion e^z.

Als letztes Beispiel betrachten wir die Funktion
$$Z = e^x \cdot \cos y + i\, e^x \sin y.$$

Wir bezeichnen diese Funktion mit e^z, weil wir sie als Verallgemeinerung der Exponentialfunktion des Reellen auf das Komplexe auffassen können. Wir kommen hierzu aus folgenden Gründen. Beschränken wir uns auf reelle Werte der Veränderlichen z, ist also $y = 0$, so erhalten wir e^x. Multiplizieren wir zwei Werte $w_1 = e^{z_1}$ und $w_2 = e^{z_2}$, so erhalten wir unter Anwendung der trigonometrischen Additionstheoreme die Beziehung $e^{z_1} \cdot e^{z_2} = e^{z_1 + z_2}$. Die Ableitung von e^z gibt wieder e^z. Diese Beziehungen haben ihre Analogien im Reellen. Der Leser überzeuge sich auch von der Gültigkeit der Cauchy-Riemann-Gleichungen.

Vermehren wir die Veränderliche z um $2\pi i$, so erhalten wir
$$e^{z+2\pi i} = e^z \cdot e^{2\pi i} = e^z\,(e^0 \cdot \cos 2\pi + e^0 \sin 2\pi) = e^z.$$

Die Funktion hat also trotz der Vermehrung des Argumentes ihren Wert beibehalten. Wir nennen sie deshalb periodisch, $2\pi i$ ist ihre Periode.

Wir wenden uns nun den konformen Abbildungen der Funktion e^z zu. Zu diesem Zwecke schreiben wir die Funktion in der Form $e^z = e^x(\cos y + i \sin y)$. Nach früheren Darlegungen bewirkt die Klammer eine Drehung der Zahl e^x um das Argument y. Eine Parallele zur y-Achse, bei der also x konstant ist, geht in einen Kreis um den Nullpunkt mit dem

Halbmesser e^x über. Hat y den Wert 2π erreicht, so ist der Kreis einmal durchlaufen. Wächst y noch weiter, so beginnt ein neuer Umlauf des Kreises. Der Streifen $0 < y < 2\pi$ wird auf ein Blatt der w-Ebene abgebildet. Für den Streifen $2\pi < y < 4\pi$ legen wir ein neues Blatt auf die w-Ebene. Bei weiteren Abbildungen von Streifen erhalten wir eine Riemannsche Fläche über der w-Ebene, die aus unendlichvielen Blättern besteht. Der Nullpunkt ist ein Verzweigungspunkt unendlichhoher Ordnung.

Innerhalb eines Streifens parallel der x-Achse von der Breite 2π nimmt die Funktion e^z jeden Wert an; hierbei rechnet man eine Begrenzungsgerade nicht mit. Einen derartigen Bereich nennt man einen Fundamentalbereich.

Die Umkehrungsfunktion für $Z = e^z$ bezeichnen wir mit $\log Z$. Der Logarithmus ist eine unendlichvieldeutige Funktion. Alle Werte unterscheiden sich um $2\pi i$. Die Bestimmung, bei der $0 \leq \operatorname{arc} z < 2\pi$ pflegt man als Hauptwert des Logarithmus zu bezeichnen. Führen wir Polarkoordinaten ein, so können wir unter Vertauschung von z und Z schreiben

$$\log z = \log r + i(\varphi + 2\pi).$$

Mittels dieser Formel beweist man leicht die aus dem Reellen bekannten Sätze über den Logarithmus.

31. Anwendungen der Funktion e^z. Oft ist man vor die Aufgabe gestellt, eine quadratische Einteilung eines Polarkoordinatensystems vorzunehmen. Die Abbildung eines Streifens von der Breite 2π mittels der Funktion e^z leistet die Aufgabe. Wir haben nur nötig, den Streifen quadratisch unterzuteilen und dieses Netz zu übertragen. Ist der Abstand der Parallelen $\delta = \dfrac{2\pi}{n}$, so brauchen wir den Winkel von 360^0 um den Nullpunkt des Koordinatensystems nur in n gleiche Teile zu teilen, um die Abbildung der Parallelen zu erhalten. Die Kreise mit den Radien $\ldots e^{-2\delta}, e^{-\delta}, e^0, e^\vartheta, e^{2\vartheta}, \ldots$ vollenden die Einteilung. Die y-Achse geht in den Einheitskreis über, die Parallelen links der y-Achse gehen in Kreise innerhalb des Einheitskreises, die Parallelen rechts der y-Achse gehen in Kreise außerhalb des Einheitskreises über. Zweckmäßig geht man von dem Einheitskreise aus und erhält die neuen Radien durch Multiplikation bzw. Division mit e^ϑ, Fig. 38.

58 II. Die Darstellung der konformen Abbildung usw.

Aus der Fülle der weiteren Aufgaben seien nur wenige herausgegriffen:

1. Ein Streifen von der Breite 2π soll auf eine Halbebene abgebildet werden. Die Annahme der Breite 2π bedeutet keine Beschränkung der Allgemeinheit.

Wir fassen den Streifen als zwischen den Geraden $y = 0$ und $y = 2\pi$ einer z-Ebene gelegen und bilden ihn mittels der Funktion e^z auf eine volle Z-Ebene ab. Längs der positiv reellen Achse

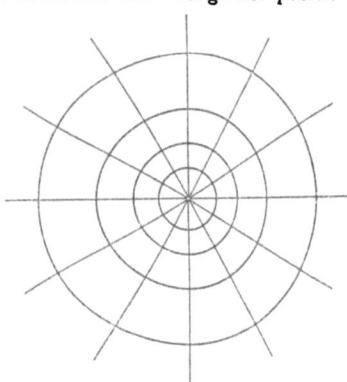

Fig. 38.

der Z-Ebene führen wir einen Schnitt und bilden diese Ebene mittels der Funktion $\zeta = \sqrt{Z}$ auf eine Halbebene ab. Die Funktion $\zeta = \sqrt{e^z}$ gibt den Übergang vom Streifen zur Halbebene an.

2. Mit Leichtigkeit kann man die Abbildung eines Streifens auf einen Sektor vornehmen.

3. Ein Streifen sei auf einen Kreis abzubilden. Wir verfahren wie bei Aufgabe 1 und bilden zum Schluß mittels einer linear gebrochenen Funktion die Halbebene auf einen Kreis ab.

4. Ein Halbstreifen, der rechts von der imaginären Achse und von den Geraden $y = 0$ und $y = 2\pi$ begrenzt wird, soll auf eine Halbebene abgebildet werden.

Durch e^z wird der Halbstreifen auf das Innere des Einheitskreises abgebildet. Dieser Kreis wird durch eine geeignete, linear gebrochene Funktion von e^z auf eine Halbebene abgebildet.

Weiter kann man also auch einen Halbstreifen auf alle Bereiche abbilden, die aus Halbebenen abgeleitet werden können.

SCHLUSS

In den vorangegangenen Abschnitten haben wir gelernt, durch gegebene Funktionen Gebiete aufeinander konform abzubilden. Die Gestalt dieser Gebiete ergab sich durch die spezielle Form der Funktionen.

Riemann stellte in seiner Dissertation 1851 die umgekehrte Frage: „Kann man zwei Gebiete beliebig vorgeben und eine Funktion bestimmen, die diese Gebiete aufeinander konform abbildet?"

Dieses Problem führt wie alle Umkehrungsprobleme der Mathematik sehr viel weiter als die direkte Ausgangsstellung. Es ist in bejahendem Sinne zu beantworten und besagt also, daß man die analytischen Funktionen durch geometrische Eigenschaften der Bereiche definieren kann, eines der schönsten Beispiele der inneren Geschlossenheit von Geometrie und der Analysis.

Möge der Jünger der Mathematik nicht versäumen, dieses herrliche Gebiet der Mathematik zu pflegen. Möge er den erhabenen Geist Riemanns erkennen, der einen Satz vorausahnte, dessen lückenloser Beweis die scharfsinnigsten Mathematiker auf den Kampfplatz rief.

EINIGE LITERATUR ZUR KONFORMEN ABBILDUNG

Bieberbach, Einführung in die konforme Abbildung. Leipzig u. Berlin, 2. Aufl. 1927.

Bieberbach, Lehrbuch der Funktionentheorie. 2 Bände, Leipzig u. Berlin. 1923 u. 1927.

Lewent, Konforme Abbildung. Leipzig u. Berlin. 1912.

Osgood, Lehrbuch der Funktionentheorie. 1923 u. 1924.

Konforme Abbildung. Von weil. Oberl. *L. Lewent*, in Berlin. Hrsg. von Geh. Bergrat Prof. Dr. *E. Jahnke*, weil. Prof. a. d. Techn. Hochschule in Berlin. Mit einem Beitrag von Dr. *W. Blaschke*, Prof. a. d. Univ. Hamburg. Mit 40 Fig. [VI u. 118 S.] 8. 1912. (Samml. math.-phys. Lehrb. Bd. 14.) Kart. $\mathcal{RM}$ 3.80

„Der Techniker wird aus dem Büchlein reiche Anregung empfangen, durch eine Fülle interessanter und lehrreicher Beispiele wird er verhältnismäßig schnell bis zu dem allgemeinen Abbildungssatze geführt." **(Archiv der Mathematik und Physik.)**

Funktionen, Schaubilder und Funktionstafeln. Eine elementare Einführung in die graphische Darstellung und in die Interpolation. Von Oberstudienrat Prof. Dr. *A. Witting* in Dresden. Mit 26 Fig. im Text, 3 Tafeln und zahlr. Aufgaben. [IV u. 41 S.] kl. 8. 1922. (Math.-Phys. Bibl. Bd. 48.) Kart. $\mathcal{RM}$ 1.20

Vorliegendes Bändchen behandelt zunächst den Begriff und das Wesen des die Mathematik beherrschenden Funktionsbegriffs; dann werden die elementarsten Funktionen an Hand einiger Beispiele erläutert, wobei der graphischen Darstellung breiter Raum eingeräumt wird. Weiterhin wird die Methode der Interpolation eingehend erklärt und zum Schluß ein Überblick über die polytropischen Kurven gegeben.

Kreisevolventen und ganze algebraische Funktionen. Von Dr. *H. Onnensen.*, s'Gravenhage in Holland. Mit 15 Fig. i. T. [49 S.] kl. 8. 1923. (Math.-Phys. Bibl. Bd. 51.) Kart. $\mathcal{RM}$ 1.20

Verfasser zeigt, wie die Kreisevolventen ein wertvolles Hilfsmittel für das Studium der algebraischen Funktionen und für die Berechnung der Wurzeln einer bestimmt gegebenen algebraischen Gleichung beliebigen Grades sind. Der Band wird sich für das mathematische Studium wie für technische Berechnungen gleich nützlich erweisen.

Lehrbuch der Funktionentheorie. Von Dr. *L. Bieberbach*, Prof. an der Univ. Berlin. Bd. I: Die Elemente der Funktionentheorie. 2., verb. Aufl. Mit 80 Fig. i. T. [VI u. 314 S.] gr. 8. 1923. Geh. $\mathcal{RM}$ 12.—, geb. $\mathcal{RM}$ 15.—. Bd. II: Moderne Funktionentheorie. Mit 44 Fig. im Text. [VII u. 366 S.] gr. 8. 1927. Geb. $\mathcal{RM}$ 20.—

„Die Aufgabe, eine vollständige, faßliche und einheitliche Darstellung der Theorie der Funktionen zu geben, ist dem Verfasser glänzend gelungen. Die Riemannschen Ideen werden mit der Auffassung von Weierstraß glücklich verschmolzen und dadurch der Leser bis zu den modernsten Problemen der Uniformisierung geführt mit einem Ausblick auf die automorphen Funktionen." **(Literarisches Zentralblatt über Band I.)**

Lehrbuch der Funktionentheorie. Von Dr. *W. F. Osgood*, Prof. an der Harvard-Univ. Cambridge, Mass. (Lehrb. d. math. Wissensch. XX, 1, 2 u. 3.) I. Band. 4. Aufl. Mit 158 Fig. [XII u. 766 S.] gr. 8. 1923. Geh. $\mathcal{RM}$ 22.—, geb. $\mathcal{RM}$ 24.—. — II. Band. 1. Liefg. 2. Aufl. Mit zahlr. Fig. [In Vorb. 1927.] 2. Liefg. [In Vorb. 1927.]

„Unter Zugrundelegung von Sätzen über reelle Funktionen- und Mengenlehre gelingt es dem Verfasser, die Methode Cauchy-Riemann in vorzüglicher logischer und anschaulicher Weise und in klarem, lebhaftem Gedankengange vorzulegen. Wir begrüßen dieses neue Lehrbuch sowohl wegen seines Zieles, als wegen seiner zugleich wissenschaftlichen und leichtverständlichen Durchführung." **(Literarisches Zentralblatt.)**

Verlag von B. G. Teubner in Leipzig und Berlin

Funktionentheorie. Von Dr. *L. Bieberbach*, Prof. an der Univ. Berlin. Mit 34 Fig. [IV u. 118 S.] 8. 1922. (Teubn. techn. Leitf. 14.) Kart. ℛℳ 3.20

„In gedrängter, aber klarer Sprache, mit schönen Figuren und guten Beispielen durchsetzt wird eine Einführung in die Theorie der Funktionenlehre gegeben, die, mit den komplexen Zahlen beginnend, in streng logischer Kette zur konformen Transformation führt. Wie immer wenn man des Verfassers Arbeiten liest, bietet die Lektüre einen Genuß, denn sie gibt Eigenes, Persönliches." **(Unterrichtsblätter f. Mathem. u. Naturwissensch.)**

Die komplexen Veränderlichen und ihre Funktionen. Fortsetzung der Grundzüge der Differential- u. Integralrechnung, zugleich eine Einführung in die Funktionentheorie. Von Dr. *G. Kowalewski*, Prof. a. d. Techn. Hochschule in Dresden. 2. Aufl. Mit 124 Fig. [IV u. 455 S.] gr. 8. 1923. Geh. ℛℳ 15.—, geb. ℛℳ 17.60

„Ein ganz vorzügliches Werk, das sich in gleicher Weise durch den dargebotenen Stoff, wie durch seinen angenehmen leichtflüssigen Stil auszeichnet. Kowalewski ist ein Meister in der Form und erreicht höchste Eleganz und zugleich Exaktheit in seinen Beweisen." **(Archiv der Mathematik und Physik.)**

Vorlesungen über reelle Funktionen. Von Dr. *C. Carathéodory*, Prof. an der Univ. München. 2. Aufl. Mit 47 Fig. [X u. 718 S.] gr. 8. 1927. Geh. ℛℳ 27.—, geb. ℛℳ 29.—

In diesem Buche, das gar keine speziellen Kenntnisse voraussetzt, hat der Verf. versucht, innerhalb des Rahmens eines systematischen Aufbaues der Theorie der reellen Funktionen die modernen Resultate von Lebesgue leichter zugänglich zu machen, als es bisher der Fall war.

Die elliptischen Funktionen und ihre Anwendungen. Von Geh. Hofrat Prof. Dr. *R. Fricke*. I. Teil: Die funktionentheoret. u. analytischen Grundlagen. Mit 83 Fig. [X u. 500 S.] gr. 8. 1916. Geb. ℛℳ 16.—. II. Teil: Die algebraischen Ausführungen. Mit 40 Fig. [VIII u. 546 S.] gr. 8. 1922. Geh. ℛℳ 15.—, geb. ℛℳ 18.—. III. Teil. [In Vorb. 1927.]

MATHEMATISCHES PRAKTIKUM
Von Prof. Dr. H. von Sanden
(Teubners techn. Leitf. Bd. 27.) Geb. ℛℳ 6.80

Für Ingenieure, Landmesser, Statistiker, Meteorologen, Lehrer und Studenten der Mathematik und Naturwissenschaften ist neben der Ausbildung in systematischer Mathematik eine solche im praktischen Zahlenrechnen heute unentbehrlich. Wer das vorliegende mathematische Praktikum durcharbeitet, wird sich nicht nur eine große Gewandtheit im Zahlenrechnen aneignen, sondern auch einen tieferen Einblick in das Wesen der Mathematik und die praktische Bedeutung ihrer allgemeinen Verfahren gewinnen.

Verlag von B. G. Teubner in Leipzig und Berlin

Mathematisch-Physikalische Bibliothek

Fortsetzung von 2. Umschlagseite

Darstellende Geometrie des Geländes und verwandte Anwendungen der Methode der kotierten Projektionen. Von R. Rothe. 2., verb. Aufl. (Bd. 35/36.)

Karte und Kroki. Von H. Wolff. (Bd. 27.)

Konstruktionen in begrenzter Ebene. Von P. Zühlke. (Bd. 11.)

Einführung in die projektive Geometrie. Von M. Zacharias. 2. Aufl. (Bd. 6.)

Funktionen, Schaubilder, Funktionstafeln. Von A. Witting. (Bd. 48.)

Einführung in die Nomographie. Von P. Luckey. 2. Aufl. (Bd. 28.)

Nomographie. Praktische Anleitung zum Entwerfen graphischer Rechentafeln mit durchgeführten Beispielen aus Wissenschaft und Technik. Von P. Luckey. 2., neubearb. u. erweit. Aufl. der „Einführung in die Nomographie", 2. Teil. (Bd. 59/60.)

Theorie und Praxis des logarithmischen Rechenstabes. Von A. Rohrberg. 3. Aufl. (Bd. 23.)

Mathematische Instrumente. Von W. Zabel. I. Hilfsmittel und Instrumente zum Rechnen. II. Hilfsmittel und Instrumente zum Zeichnen. [In Vorb. 1927.]

Die Anfertigung mathematischer Modelle. (Für Schüler mittlerer Klassen.) Von K. Giebel. 2. Aufl. (Bd. 16.)

Mathematik und Logik. Von H. Behmann. (Bd. 71.)

Mathematik und Biologie. Von M. Schips. (Bd. 42.)

Mathematik und Sport. Von E. Lampe. [In Vorb. 1927.]

Die mathematischen und physikalischen Grundlagen der Musik. Von J. Peters. (Bd. 55.)

Mathematik und Malerei. 2 Bände in 1 Band. Von G. Wolff. 2. Aufl. (Bd. 20/21.)

Elementarmathematik und Technik. Eine Sammlung elementarmathematischer Aufgaben mit Beziehungen zur Technik. Von R. Rothe. (Bd. 54.)

Finanz-Mathematik. (Zinseszinsen-, Anleihe- und Kursrechnung.) Von K. Herold. (Bd. 56.)

Die mathematischen Grundlagen der Lebensversicherung. Von H. Schütze. (Bd. 46.)

Riesen und Zwerge im Zahlenreiche. Von W. Lietzmann. 2. Aufl. (Bd. 25.)

Geheimnisse der Rechenkünstler. Von Ph. Maennchen. 3. Aufl. (Bd. 13.)

Wo steckt der Fehler? Von W. Lietzmann und V. Trier. 3. Aufl. (Bd. 52.)

Trugschlüsse. Gesammelt von W. Lietzmann. 3. Aufl. (Bd. 53.)

Die Quadratur des Kreises. Von E. Beutel. 2. Aufl. (Bd. 12.)

Das Delische Problem (Die Verdoppelung des Würfels). Von A. Herrmann. (Bd. 68.)

Mathematiker-Anekdoten. Von W. Ahrens. 2. Aufl. (Bd. 18.)

Scherzaufgaben und Probleme. Von J. Preuß. [In Vorb. 1927.]

Die Fallgesetze. Von H. E. Timerding. 2. Aufl. (Bd. 5.)

Kreisel. Von M. Winkelmann. [In Vorb. 1927.]

Perpetuum mobile. Von F. Bartels. [In Vorb. 1927.]

Atom- und Quantentheorie. Von P. Kirchberger. I. Atomtheorie. II. Quantentheorie. (Bd. 44 u. 45.)

Ionentheorie. Von P. Bräuer. (Bd. 38.)

Das Relativitätsprinzip. Leichtfaßlich entwickelt von A. Angersbach. (Bd. 39.)

Drahtlose Telegraphie und Telephonie in ihren physikalischen Grundlagen. Von W. Ilberg. (Bd. 62.)

Optik. Von E. Günther. [In Vorb. 1927.]

Dreht sich die Erde? Von W. Brunner. 2. Aufl. [U. d. Pr. 1927.] (Bd. 17.)

Die Grundlagen unserer Zeitrechnung. Von A. Barneck. (Bd. 29.)

Mathematische Himmelskunde. Von O. Knopf. (Bd. 63.)

Mathem. Streifzüge durch die Geschichte der Astronomie. Von P. Kirchberger. (Bd. 40.)

Theorie der Planetenbewegung. Von P. Meth. 2., umgearb. Aufl. (Bd. 8.)

Beobachtung des Himmels mit einfachen Instrumenten. Von Fr. Rusch. 2. Aufl. (Bd. 14.)

Grundzüge der Meteorologie. Von W. König. (Bd. 70.)

Verlag von B. G. Teubner in Leipzig und Berlin

MIX
Papier aus verantwortungsvollen Quellen
Paper from responsible sources
FSC® C105338

If you have any concerns about our products,
you can contact us on
ProductSafety@springernature.com

In case Publisher is established outside the EU,
the EU authorized representative is:
**Springer Nature Customer Service Center GmbH
Europaplatz 3, 69115 Heidelberg, Germany**

Printed by Libri Plureos GmbH
in Hamburg, Germany